BREVE HISTÓRIA DA CIÊNCIA MODERNA

VOLUME 3

DAS LUZES AO SONHO DO DOUTOR FRANKENSTEIN

Marco Braga
Andreia Guerra
José Claudio Reis

Breve história da ciência moderna

volume 3
Das Luzes ao Sonho do Doutor Frankenstein

ZAHAR

Capa
Sérgio Campante

Projeto gráfico
Victoria Rabello

CIP-Brasil. Catalogação na fonte
Sindicato Nacional dos Editores de Livros, RJ

Braga, Marco
B794b Breve história da ciência moderna, volume 3: das luzes ao sonho do doutor Frankenstein / Marco Braga, Andreia Guerra, José Claudio Reis. — 1ª ed. — Rio de Janeiro: Zahar, 2011.

Apêndice
Inclui bibliografia
ISBN 978-85-7110-867-7

1. Ciência — Filosofia. 2. Ciência — História. I. Guerra, Andreia. II. Reis, José Claudio. III. Título. IV. Título: das luzes ao sonho do doutor Frankenstein.

CDD: 501
11-0826 CDU: 50

EDITORA SCHWARCZ S.A.
Praça Floriano, 19, sala 3001 — Cinelândia
20031-050 — Rio de Janeiro — RJ
Telefone: (21) 3993-7510
www.companhiadasletras.com.br
www.blogdacompanhia.com.br
facebook.com/editorazahar
instagram.com/editorazahar
twitter.com/editorazahar

SUMÁRIO

✧ ✧ ✧

APRESENTAÇÃO

✧ ✧ ✧

Nosso interesse pela história e filosofia da ciência surgiu ainda na universidade. Fomos apresentados a alguns textos por professores que começavam a estudar o assunto, e essas leituras nos revelaram uma realidade bem diferente daquela com que estávamos lidando nos livros didáticos. O fato aguçou-nos a curiosidade e, assim, ao concluirmos o curso de graduação em física na Universidade Federal do Rio de Janeiro, tínhamos o objetivo claro de continuar a aprofundar aqueles estudos preliminares. Decidimos formar um grupo que, nos primeiros anos, abrigou-se na universidade, como parte de uma área de pesquisa em ensino. Após esse tempo de incubação, partimos para alçar vôo próprio.

Foi assim que em 1993 surgiu o Teknê. O nome escolhido vem da palavra grega *techné*, que significa "arte", "fabricação". Inspirado nos velhos ateliês do Renascimento, em que vários artesãos mesclavam ciência, técnica e arte num mesmo trabalho, nosso grupo tinha por objetivo compreender e difundir o conhecimento científico de forma interdisciplinar.

O primeiro contato que um jovem tem com a ciência – em alguns casos, o único – ocorre invariavelmente por meio dos livros didáticos. Esses manuais apresentam apenas uma dimensão do trabalho científico, seu aspecto técnico de solução de problemas. Nada se discute sobre as grandes indagações acerca do Universo ou os debates que possibilitaram a construção das teorias. Ao término de alguns anos de estudo, o que resta é uma visão muito limitada da ciência. Pretendíamos portanto resgatar uma dimensão esquecida, ao desenvolver um trabalho que nos permitisse apresentar um novo olhar sobre a ciência – em que ela pudesse ser percebida como parte de um processo maior de reflexão do homem sobre o mundo e a natureza.

Nesse sentido, percebíamos que seria necessário avançar para além das fronteiras do conhecimento que comumente se chama científico. Os homens de ciência, ao construírem teorias e modelos explicativos para os fenômenos da natureza, dialogam com outros homens que exercem atividades aparentemente distantes da científica, como teólogos, artistas plásticos, músicos ou poetas. Seria preciso navegar também nessas áreas para encontrar caminhos em que pudéssemos transitar mais amplamente.

Durante o desenvolvimento de trabalhos de investigação, já na pós-graduação, começamos a elaborar um projeto educacional que procurasse introduzir essa visão do fazer científico no ensino, por meio do estudo de momentos históricos selecionados, e permitisse a compreensão dos debates que fornecem sustentação ao surgimento das grandes teorias. O primeiro passo foi a produção de textos para alunos de ensino médio. Mais tarde passamos a ministrar cursos de formação de professores. Neles procurávamos percorrer a história da ciência moderna utilizando diversas mídias, como imagens, música, textos etc.

Esses cursos tiveram grande sucesso e demonstraram existir uma demanda pelo conhecimento da história da ciência. Num primeiro momento o interesse ficou restrito aos professores das áreas científicas. Mais tarde, a partir de comentários trocados nas escolas, começaram a surgir também professores de história, filosofia, literatura e artes. Todos desejavam compreender e discutir o papel da ciência ao longo da história e como suas respectivas disciplinas se relacionavam com ela e se ressentiam da compartimentalização do saber. Ao final desses cursos, sempre nos cobravam a versão escrita daquilo que havíamos apresentado.

Com a presente série sobre história da ciência desejamos preencher essa lacuna. Gostaríamos, contudo, de criar também um diálogo com um público mais amplo, de alunos de ensino médio a profissionais de diversas áreas que tenham interesse pela ciência. Nosso intuito é envolver todos aqueles que queiram conhecer, ainda que de forma introdutória, alguns dos fios tecidos no passado e com os quais ainda nos emaranhamos no mundo moderno. Queremos que a ciência deixe de ser objeto de culto para se tornar motivo de debate, reencontrando assim seu verdadeiro papel.

Grupo Teknê

INTRODUÇÃO

✧ ✧ ✧

O século XVIII foi o século da razão. Após o surgimento da ciência moderna, era necessário banir por completo todos os resquícios daquilo que se considerava expressão de um tipo de pensamento, herdado do medievo, com características místicas e dogmáticas. Dessa forma, surgiu um movimento denominado Iluminismo que levantou a bandeira da razão e do questionamento à tradição religiosa. Entre os inúmeros caminhos que esta razão permitia seguir, o escolhido foi o de uma filosofia mecanicista. A partir do estabelecimento das bases da ciência moderna, a visão de um Universo que funcionava tal qual uma máquina se consolidou de forma irreversível. A física de Newton dialogou com outros sistemas, criados sobretudo por Descartes e Leibniz, constituindo uma diversidade de caminhos que deram sustentação ao surgimento de uma razão mecanicista. Nada mais natural que se desejasse expandir para todas as áreas do saber esta razão, desde campos ainda não muito explorados da própria ciência até a economia ou as artes. Ao longo do século XVIII, esse projeto foi se estruturando e sendo ampliado.

A nova razão não permaneceu limitada apenas aos círculos filosóficos. Os engenheiros e a burguesia criaram as condições socioeconômicas propícias para o surgimento da Revolução

Industrial na Inglaterra. O desenvolvimento técnico fez com que os sonhos dos precursores da nova ciência do século XVII vissem confirmados, através de seus herdeiros, os alicerces de seu projeto: a junção dos saberes teórico e prático. O poder, na nova sociedade que se formava, deveria estar entrelaçado com a ciência (filosofia + técnica).

Essa perspectiva, contudo, não era hegemônica. A partir da segunda metade do século intensificaram-se os questionamentos à nova razão. Surgiram, então, contestações em diversos níveis, desde o filosófico até o artístico. Do Romantismo artístico à *Naturphilosophie* (filosofia natural romântica), diversas vozes se lançaram na crítica a um mundo que só percebia engrenagens, polias e movimentos. Nesse contexto, na literatura surgiu o doutor Frankenstein: uma jovem senhora inglesa escreveu um interessante livro denunciando aquilo que se presenciava na virada do século XVIII para o século XIX – a tentativa de reconstruir a vida a partir da concepção do humano como máquina. O sonho iluminista poderia se tornar um pesadelo.

Será sobre esses projetos da razão e as angústias humanas por eles gerados que trataremos nesse livro. Afinal, a ciência é também uma das formas que encontramos para responder às questões mais fundamentais de nossas vidas.

1

O CENÁRIO DO SÉCULO XVIII

✧ ✧ ✧

Ao longo do século XVIII, os europeus aprofundaram ainda mais seu projeto de estabelecer uma nova forma de produção de conhecimentos. Iniciada no final da Idade Média, a chamada Revolução Científica tomou forma ao longo do século XVII. No decorrer do século seguinte ela se expandiu para diversas áreas do conhecimento, fazendo nascer uma nova cultura, na qual a ciência mecanicista se constituía como núcleo de uma nova racionalidade, rompendo definitivamente com as estruturas medievais baseadas numa razão teológica.

No campo filosófico, o objetivo era criar formas claras para um novo pensar fundamentado na ciência moderna, sem a influência de especulações religiosas. Ao longo do século, essa proposta foi se aprofundando em direção a uma radical negação de tudo que não apresentasse evidências experimentais.

No plano econômico, a Revolução Industrial revelou ao mundo uma nova força motriz baseada no vapor e uma nova organização do trabalho. A economia passou a ser percebida como um sistema natural, dotado de leis que a regulavam e deveriam ser racionalmente compreendidas.

Na política, surgiu uma nova concepção do direito, na qual conceitos como liberdade e igualdade assumiram papéis centrais, levando ao questionamento da velha ordem. A emergência de novas formas de Estado, na França e na América do Norte, baseadas nesses princípios, influenciou diversos outros, levando à eclosão de movimentos de independência em várias partes do mundo.

O movimento iluminista

Os filósofos do século XVIII percebiam claramente que, no século anterior, tivera início uma grande transformação na maneira como o homem via o mundo. Alguns deles chegavam a afirmar que esse processo não se encerrara, estando ainda em pleno desenvolvimento naquele instante. Esses filósofos julgavam ter o papel de aprofundar e expandir as conquistas do século anterior. Os termos "Iluminismo" e "Esclarecimento" passaram a denominar esse projeto, fazendo com que o século XVIII ficasse conhecido mais tarde como "Século das Luzes".

O movimento iluminista não se caracterizava por adotar uma doutrina fechada, mas por defender alguns princípios que nortearam diversas correntes de pensamento, algumas delas antagônicas. Portanto, para compreendê-lo será necessário centrar nossa atenção sobre esses preceitos e sobre o diálogo entre as diversas correntes de pensamento.

Um dos fundamentos do Iluminismo era a supremacia da razão frente ao que se considerava o dogmatismo das antigas estruturas. Pretendia-se romper de maneira definitiva com o poder e o primado das idéias religiosas baseadas na revelação bíblica. Para tanto, seria necessário rejeitar a filosofia cristã medieval e toda e qualquer explicação de base mística. Os filósofos iluministas, ao mesmo tempo que percebiam a emergência da nova razão nos escritos dos fundadores da ciência moderna, reconheciam que essas obras ainda continham resquícios de uma visão mística de natureza. Concepções animistas, que atribuíam alma ou espírito aos corpos, permaneciam mescladas às novas idéias. Era necessário, portanto, realizar uma limpeza, separando o joio do trigo, isto é, aquilo que era próprio da nova razão dessas antigas influências.

Entre as heranças deixadas pelo século XVII, além da nova maneira de conhecer baseada na experimentação e na linguagem matemática, podem-se encontrar os fundamentos de uma nova forma de perceber a natureza, o Universo-máquina. Toda máquina pode ser compreendida pelo estudo de suas partes e pelas leis que regem sua atividade. Portanto, a tarefa do filósofo natural passou a ser utilizar o método da análise na separação das diversas engrenagens, para tentar encontrar as leis de funcionamento do Universo-máquina. Para os iluministas, isso deveria acontecer em todos os campos do saber, fosse na física, na história natural, na química ou na economia.

A Enciclopédia

Um dos objetivos do projeto iluminista era a popularização da nova razão. Para isso, era necessário produzir uma releitura dos saberes herdados do passado e difundi-los pela sociedade, junto com os novos conhecimentos provenientes da ciência moderna. Esse fato fez com que os iluministas escrevessem diversos livros. Dentre eles destacaram-se as enciclopédias, que procuravam reunir a totalidade dos saberes existentes na época, classificando-os e ordenando-os para a melhor compreensão do público leigo.

Uma das mais importantes enciclopédias editadas foi a *Cyclopaedia* ou *Dicionário universal de artes e ciências*. Publicada na Inglaterra, em 1728, por Ephraim Chambers, possuía dois volumes e uma estrutura inspirada nos dicionários de artes e ciências britânicos existentes desde o final do século XVII. O texto era formado por uma coletânea de termos técnicos e científicos seguidos de uma explicação sobre seu significado, com os verbetes ordenados alfabeticamente. Logo a *Cyclopaedia* transformou-se em sucesso editorial, não só na Inglaterra como em diversos outros países.

Em 1745, dois editores franceses decidiram traduzir a *Cyclopaedia* para o público francês e incluir uma revisão dos verbetes. No mesmo ano, uma discordância sobre o processo editorial fez com que um deles, André de Breton, decidisse pela publicação de uma nova Enciclopédia, no mesmo estilo da britânica, mas escrita por intelectuais franceses. O projeto previa um número de verbetes mais amplo que o da *Cyclopaedia*, perfazendo dez volumes. Os editores chamaram um dos principais filósofos da época, Jean Le Rond D'Alembert (1717-83), para coordenar o grupo de escritores. Mais tarde, em 1747, Denis Diderot (1713-84) assumiu a coordenação geral, e D'Alembert ficou somente com os verbetes ligados às ciências naturais e à matemática. A Enciclopédia francesa acabou por se tornar um marco fundamental do século das luzes. Dos dez volumes programados inicialmente, foram editados 28 *in folio*, sendo 17 de verbetes e 11 de desenhos. Na Enciclopédia, ou *Dicionário racional de ciências, artes e ofícios*, acabaram sendo escritos 71.800 verbetes e desenhadas 2.885 gravuras.

D'Alembert e Diderot convidaram uma ampla gama de intelectuais e artesãos para formar o grupo de escritores da Enciclopédia, dando a autoria da obra à Sociedade de Homens de Letras. Este fato fez com que o conjunto dos 28 livros se transformasse num retrato do pensamento da época, mostrando inclusive visões divergentes sobre um mesmo tema, já que alguns assuntos correlatos eram redigidos por pessoas diferentes, exibindo a heterogeneidade de pensamento do grupo. A química era um bom exemplo desse fato, pois a disciplina vivia um momento de contradição entre a prática alquímica e o projeto de se constituir como corpo de conhecimentos, livre das influências místicas de outrora. Dessa forma, D'Alembert classificava-a no "Discurso preliminar", uma espécie de introdução à Enciclopédia, como um conjunto de receitas que, além de utilizar o fogo na fabricação de metais, se baseava em princípios misteriosos e em espíritos. Por outro lado, Gabriel-François Venel (1723-75), que escreveu o verbete "Química", procurou mostrá-la como ciência experimental baseada na razão, como a física.

A Enciclopédia não se restringia somente aos conhecimentos científicos. Nela encontramos também, dividida em partes, uma descrição detalhada de alguns artefatos técnicos e os processos de fabricação. De uma forma geral, os enciclopedistas franceses procuraram traçar, ao longo de 20 anos, um vasto panorama do conhecimento técnico, científico e artístico da época.

Em princípio a Enciclopédia colecionou diversos inimigos e poucos compradores entre pessoas de posses. Mas edições menores se sucederam, transformando a venda num grande negócio e difundindo os novos conhecimentos por todas as demais classes sociais.

A economia como ciência

No início do século XVIII havia na Europa um conjunto de doutrinas que regiam as relações econômicas entre os diversos países e entre alguns deles e suas colônias. Apesar de assumirem diferentes feições em cada nação, essas doutrinas ficaram conhecidas sob a designação de *mercantilismo*. Este se baseava na idéia de que a riqueza de uma nação provinha do saldo obtido em sua balança comercial. Os países deveriam exportar sempre mais que importar. Assim, os governantes procuravam criar as condições necessárias para que isso fosse possível, intervindo diretamente na economia.

O sucesso das leis de Newton na explicação do mundo natural inspirou alguns filósofos franceses a estudar a economia, acreditando que esta também poderia ser compreendida por meio de leis. Esses filósofos ficaram conhecidos como *fisiocratas*, palavra derivada de física e que, em grego, podia ser compreendida como "natureza". Essa escola de pensamento, liderada por François Quesnay (1694-1774) e Anne-Robert Turgot (1727-81), criticava as doutrinas mercantilistas defendendo a menor intervenção possível do Estado na economia. As palavras de ordem eram *laisser-faire* ("deixar fazer") e *laisser-passer* ("deixar passar"). Os governantes deveriam deixar que a economia se desenvolvesse naturalmente, ao sabor de suas próprias leis e de maneira independente da vontade e da ação dos homens – assim como acontecia com os corpos no mundo físico.

Os fisiocratas defendiam que, embora a manufatura e o comércio fossem agentes econômicos importantes, a riqueza de uma nação gerava-se no campo. Comércio e manufatura apenas transformariam aquilo que era produzido pela agricultura e pela pecuária. Na França, país em que a burguesia ainda almejava alçar ao poder político, esse foi um importante motivo para se reivindicar a maior taxação das propriedades rurais em detrimento dos outros agentes econômicos. Além disso, a crítica à intervenção do Estado procurava diminuir o poder dos monarcas num regime ainda fortemente marcado pelo absolutismo.

Na Inglaterra, os problemas econômicos eram diferentes. Durante a segunda metade do século XVII, uma série de revoltas alterou profundamente a correlação de forças entre burguesia e monarquia. No início do século XVIII, a burguesia inglesa já conseguira unir o poder econômico ao político, por meio de uma monarquia constitucional em que o Parlamento moderava o poder do rei, defendendo os interesses burgueses. Esse fato consolidou a prosperidade burguesa, permitindo o investimento, ao longo da primeira metade do século, numa série de novas atividades produtivas, como as manufaturas.

Essa correlação de forças, ainda cedo estabelecida na Grã-Bretanha, fez nascer outra corrente de pensamento que viria a se contrapor a algumas das idéias dos fisiocratas franceses. O maior expoente dessa tendência foi Adam Smith (1723-90). Nascido na Escócia, Smith estudou em Glasgow e posteriormente em Oxford, na Inglaterra. Tornou-se professor de lógica em Glasgow a partir de 1751. Era amigo de David Hume (1711-76), um dos filósofos ingleses mais importantes da época e defensor do empirismo. Conviveu também com diversos filósofos fisiocratas durante uma breve estada na França.

✧ Empirismo ✧

Doutrina que prega que todo conhecimento vem da experiência sensível, nada existindo no intelecto que não passe pelos sentidos. A defesa da experiência sensível como o único caminho para se construir o conhecimento sobre a natureza levou os adeptos dessa corrente a um ceticismo em relação a alguns aspectos da ciência. Com base nessa tese, o conhecimento científico não poderia se basear em generalizações nem fazer previsões sobre os fatos que ainda iriam acontecer. David Hume foi um de seus maiores teóricos, junto com John Locke (1632-1704) e George Berkeley (1685-1753). O conjunto das obras desses três homens formou uma escola de pensamento com muita influência sobre a ciência britânica.

Na Inglaterra, assim como na França, já havia um consenso sobre a necessidade de se transformarem os estudos econômicos em ciência, tal como a física em relação à natureza. Adam Smith divergia de seus colegas fisiocratas no que tangia às leis que regem a economia. Talvez por viver na Grã-Bretanha – onde a Revolução Industrial caminhava de vento em popa, com uma burguesia desfrutando de maior poder político –, Smith enveredou por outro caminho na busca da compreensão sobre as origens da riqueza das nações. Ao publicar sua principal obra, *A riqueza das nações*, em 1776, reafirmou as doutrinas liberais, defendendo a menor intervenção possível do Estado na economia. Mas discordava dos fisiocratas ao atribuir ao trabalho – independentemente do setor em que fosse realizado, na agricultura, no comércio ou nas manufaturas – a geração de riqueza.

A obra de Adam Smith, construída numa Inglaterra em franco desenvolvimento, acabou se tornando modelo para a maior parte das outras nações que desejavam se industrializar e transformou-se no principal referencial teórico da nascente ciência econômica.

A ciência na corte

O vendaval de novas idéias trazidas pelo Iluminismo produziu, além de reformas políticas, um grande incentivo à investigação no campo das ciências naturais. As novas gerações de monarcas que surgiram ao longo do século XVIII, já formados no contexto do pensamento das Luzes, tinham grande interesse pelos temas ligados à filosofia natural, matemática, astronomia e história natural. Com isso, procuraram incentivar as investigações nesses campos. Tal movimento, conhecido como despotismo esclarecido, possibilitou um grande desenvolvimento da ciência moderna, que exigia cada vez mais instrumentos e artefatos sofisticados e caros.

Como conseqüência desse movimento começaram a surgir academias de ciências em vários países. Os reis e rainhas passaram a convidar filósofos naturais, naturalistas, astrônomos e matemáticos de renome para trabalhar nessas instituições, pagando-os pelo trabalho. Dessa forma, ao financiarem as investigações, viam seu mecenato eternizado nas dedicatórias que os filósofos colocavam em suas publicações, tradição já em vigor na Itália desde o Renascimento.

Uma das práticas bastante comuns entre os naturalistas da época era formar coleções de insetos, plantas e pedras. Alguns monarcas também procuravam patrocinar tais coleções, chegando a organizar expedições a diferentes regiões do globo com a finalidade de enriquecê-las. Dessa forma, nasceu na França o Jardim do Rei, uma coletânea de espécimes provenientes de diversas regiões da Terra. Esse jardim transformou-se ao longo do século num dos mais importantes centros de pesquisa botânica do mundo.

A veneração pela filosofia e a história natural não se restringiu ao patrocínio das investigações dos cientistas. A ciência passou a freqüentar também os salões da nobreza. Diversos aparatos experimentais que produziam efeitos curiosos foram levados a estes salões para animar festas e reuniões. Máquinas elétricas faziam sucesso nos encontros, produzindo faíscas ou eletrizando corpos que se atraíam e repeliam. A ciência passou a freqüentar as cortes da Europa, e muitos homens de ciência souberam tirar proveito disso. Sua importância se equiparou à da música e da literatura entre as classes abastadas da sociedade.

Portugal e Brasil: a reforma pombalina

Por volta da primeira metade do século XVIII, Portugal ainda vivia os horrores da Inquisição. Muitos portugueses haviam sido mortos ou expulsos do país por motivos religiosos. As novas idéias iluministas não tardaram a atravessar as fronteiras e a estimular a emergente burguesia no questionamento do poder eclesiástico e real. As reformas chegaram ao reino de Portugal e Algarves – que abrangia todas as colônias de Portugal, incluindo o Brasil – pelas mãos de um ministro do rei dom José I chamado Sebastião José de Carvalho e Melo, conhecido como marquês de Pombal (1699-1782). Ao assumir o cargo, passou a controlar diversos poderes em suas mãos, atuando como o verdadeiro governante. No reino de Portugal e Algarves, quando se fala em "despotismo esclarecido", fala-se principalmente na atuação do marquês, e não na do monarca.

Além de reformas no plano econômico, Pombal empreendeu uma transformação cultural de grande vulto. Desde meados do século XVI a Companhia de Jesus vinha aumentando sua influência sobre o ensino nos mais diversos níveis. No século XVIII, Pombal encontrou a quase totalidade do sistema de ensino de Portugal nas mãos dos jesuítas. Essa educação procurava negar os desenvolvimentos da Revolução Científica iniciada nos séculos anteriores, dando ênfase ao aristotelismo. Em termos filosóficos, os jesuítas não constituíam um grupo monolítico. Havia na ordem aqueles que defendiam as novas idéias ligadas à ciência moderna. Entretanto, o ensino encontrava-se em poder de um grupo mais conservador, que constituíra uma estrutura curricular ainda ligada à velha escolástica. Os manuais didáticos escritos pelos professores jesuítas portugueses do Colégio das Artes de Coimbra eram utilizados em todo o reino. Pela sua qualidade, chegaram a ser traduzidos para várias línguas, servindo de base à educação religiosa em diversos lugares.

Pombal expulsou a Companhia de Jesus de Portugal em 1763, estatizando o sistema de ensino. Fazendo isso, procurava romper com o passado, considerado retrógrado. Ao tomar essa atitude, característica de todos os déspotas esclarecidos, Pombal expulsou a ala conservadora, e com eles inúmeros jesuítas que poderiam colaborar com a implantação de um projeto modernizador. O ministro acabou se defrontando com um enorme problema: não havia professores que preenchessem de imediato o espaço deixado nas escolas.

No ensino superior, a única universidade ligada à Companhia de Jesus era a de Évora. A Universidade de Coimbra nunca estivera nas mãos da ordem, apesar da maioria de seus alunos ter-se formado em escolas jesuíticas. Pombal levou para Portugal um gabinete completo de física, com uma quantidade enorme de equipamentos para aulas experimentais, e mandou instalá-lo em Coimbra. Convidou professores estrangeiros para ensinar a prática experimental, em oposição à filosofia especulativa.

A reforma pombalina também teve influências sobre o Brasil. A expulsão dos jesuítas afetou a educação básica brasileira. Mas não mudou de forma considerável a condição colonial do Brasil. Aqui ainda não havia universidades e editoras que pudessem produzir livros – principal fonte de transmissão cultural. A submissão econômica e cultural à metrópole fazia com que uma parcela considerável dos ganhos em ouro fosse enviada a Portugal, e não se ofereciam condições locais de desenvolvimento científico e técnico. Esses fatos impulsionaram a pequena burguesia brasileira – surgida a partir da exploração do ouro em Minas Gerais e influenciada pelos ideais iluministas e pelas conquistas das ex-colônias britânicas na América do Norte – a pensar na independência do Brasil.

A Revolução Francesa

A ciência francesa anterior ao início da Revolução estruturava-se em torno da Academia de Ciências de Paris. Anne-Robert

Turgot, adepto das idéias fisiocratas e um dos redatores de verbetes da Enciclopédia, ao assumir o Ministério das Finanças, procurou dar apoio a um projeto de desenvolvimento estatal das ciências por meio da concessão de subsídios a projetos elaborados pela Academia. Entretanto, a estrutura acadêmica era demasiadamente burocrática, e somente algumas cadeiras eram ocupadas por poucos filósofos eleitos. Esse fato elitizava muito a ciência francesa. Numa época em que o interesse pela ciência e pelas técnicas crescia a passos largos, inúmeros amadores tentavam ver seus trabalhos reconhecidos, desejando ingressar na Academia para contar com os apoios estatais. A recusa de abrir a instituição para esses amadores fez com que a Academia de Ciências de Paris passasse a ser vista com muita desconfiança no período pré-revolucionário. Um dos líderes da revolução, Jean-Paul Marat (1743-93), foi um desses amadores que não encontraram espaço na Academia. Em 1779, Marat submeteu aos acadêmicos um conjunto de investigações sobre o fogo, a eletricidade e a luz que foi analisado e rejeitado. Isso fez com que ele chamasse os acadêmicos de "charlatães modernos" num artigo de revide à recusa de suas pretensões. A queda da Bastilha, além de ser o marco inicial do movimento revolucionário, foi também o início de um processo de questionamento das velhas estruturas científicas francesas, que culminou com o fechamento da Academia de Ciências de Paris, em 1793, junto com suas congêneres em outras cidades.

A Revolução Francesa contou com a participação ativa de diversos matemáticos e filósofos naturais. Alguns já se integravam ao *establishment* científico do Antigo Regime, outros ascenderam ao poder durante o processo revolucionário. Muitos deles assumiram postos de comando, sem nunca deixar de produzir trabalhos de grande importância em suas áreas de investigação. A maioria havia estudado em escolas militares e pertencia ao partido dos jacobinos, a ala esquerda do Parlamento, com idéias mais radicais quanto ao encaminhamento da Revolução. Pessoas como Lazare Carnot (1753-1823) e Gaspar Monge (1746-1818), matemáticos e físicos com contribuições científicas relevantes, foram fundamentais para a consolidação do movimento revolucionário, integrando a organização militar francesa no período mais sangrento, quando os jacobinos tomaram o poder.

A participação política desses matemáticos e físicos possibilitou ainda a organização de um projeto de formação e produção de conhecimentos mais democrático na França pós-revolucionária. Embora a monarquia já viesse apoiando a ciência francesa, a partir da Revolução foi estruturado um grande projeto de desenvolvimento científico. Fundaram-se diversas instituições de pesquisa, dando ao país um importante suporte para o surgimento de pesquisadores nas mais diversas áreas. Em 1793, o Jardim do Rei foi transformado em Jardim Botânico, parte do Museu Nacional de História Natural. Esta instituição se transformaria, ao longo dos anos seguintes, em referência mundial. Em 1794 foram fundados a Escola Politécnica de Paris e o Conservatório de Artes e Ofícios. A primeira transformou-se em instituição de ensino que visava ministrar um conhecimento teórico de matemática, física e química para os futuros engenheiros. O segundo tinha por finalidade armazenar coleções de peças e máquinas, procurando conservar e catalogar todo o conhecimento técnico francês.

A partir da Revolução, a ciência passou a ser percebida de forma mais clara como importante aliada do poder e da hegemonia nacional. Esse fato ficaria mais evidente nos séculos seguintes.

2

SURGE UM NOVO MECANISMO: A MÁQUINA A VAPOR

✧ ✧ ✧

A Revolução Industrial surgiu como conseqüência de uma série de fatores. Além do acúmulo de capital por parte da burguesia britânica, para ela contribuíram também o aumento populacional e a migração de altos contingentes de camponeses para as cidades. Esses trabalhadores rurais haviam sido expulsos dos campos pelo cercamento de terras promovido pelos proprietários rurais. A abundância de mão-de-obra nas cidades e o seu conseqüente barateamento estimularam a ampliação da atividade manufatureira urbana. Entretanto, tal desenvolvimento esbarrava no problema da escassez de matérias-primas. A tradição empírica inglesa – que valorizava o trabalho manual –, a inventividade e o aperfeiçoamento de mecanismos foram fundamentais para a resolução desse problema. Grande parte dos capitais burgueses foi aplicada na resolução de uma série de problemas técnicos que poderiam suprir as manufaturas com novas matérias-primas.

A escassez de carvão vegetal provocada pela devastação das florestas fez com que se procurasse uma outra fonte de aquecimento para a fundição do ferro. A solução encontrada veio com o carvão mineral. Por volta de 1710, já se utilizava o coque, produzido a partir de resíduos de carvão mineral. A extração do carvão tornou-se assim um negócio lucrativo.

Ao longo da primeira metade do século XVIII, a paisagem da Inglaterra se transformou completamente. Os grandes desenvolvimentos na construção de máquinas a vapor – surgidas da necessidade básica de extração de água das minas de carvão e depois aplicadas em inúmeras outras atividades manufatureiras – fizeram nascer o embrião do que seria a sociedade industrial.

A herança do século XVII

Uma pequena parte das bases científicas que davam sustentação ao funcionamento das máquinas térmicas já se desenvolvera no final do século XVII. Por serem bases estabelecidas de forma experimental, eram conhecidas pela maioria dos engenheiros ingleses da época.

Os engenheiros florentinos construtores de chafarizes já utilizavam há algum tempo o vácuo em processos de sucção, na elevação de água até a superfície. Entretanto, percebiam que, na sucção do ar do interior de tubos ligados à água no fundo, esta só preenchia o espaço deixado pelo ar até uma altura equivalente a aproximadamente dez metros. A partir daí formava-se vácuo nas bombas, e a água não preenchia mais o espaço vazio. Esse fato contrariava a antiga afirmação aristotélica de que a "natureza tem horror ao vácuo", preenchendo sempre todos os espaços com matéria. Ainda no século XVII, Evangelista Torricelli (1608-47), um discípulo de Galileu, desenvolveu diversos experimentos com outras substâncias, percebendo que aquela não era uma propriedade somente da água. O mercúrio, por exemplo, também apresentava a mesma peculiaridade, subindo a uma altura de 76 centímetros. Os experimentos de Torricelli percorreram a Europa e foram reproduzidos em diversos países. A explicação formal para essas observações veio do filósofo francês Blaise Pascal (1623-51). Em duas obras editadas postumamente, denominadas *O equilíbrio dos líquidos* e *O peso da massa de ar*, Pascal analisou os efeitos da pressão atmosférica sobre os líquidos, concluindo que a pressão exercida por uma massa de água de altura aproximada de dez metros é igual à do ar atmosférico. Nessas condições, se estabelece o equilíbrio, e a água não sobe mais.[1]

O amigo do mineiro: a máquina a vapor de Savery

Uma das questões com que as empresas mineiras inglesas de extração de carvão vinham deparando era o alagamento e o bombeamento de ar para as partes mais profundas das minas. Os processos utilizados na sua resolução eram os tradicionais, com bombas de sucção movidas por animais. À medida que as minas se tornavam mais profundas, surgia o problema da sucção da água em profundidades maiores que dez metros.

Os estudos desenvolvidos no século XVII sobre a produção de vácuo por meio da condensação do vapor levaram o engenheiro militar inglês Thomas Savery (1650-1715) a desenvol-

---

[1] Ver, no segundo volume desta coleção, *Das máquinas do mundo ao Universo-máquina*, como o trabalho de Torricelli e Pascal levou ao aprofundamento dos estudos sobre a pressão atmosférica e à invenção do barômetro.

ver um novo tipo de mecanismo que não utilizava a força animal. Patenteada em 1698, foi dado a Savery o direito de utilização exclusiva dessa máquina por 35 anos. Com a expansão da atividade mineradora na Inglaterra a partir do século XVIII, o mecanismo desenvolvido por Savery transformou-se na primeira máquina a vapor, ou "máquina de fogo", como ficou conhecida, com sucesso comercial da história, pois passou a ser utilizada em larga escala.

✧ A máquina de Savery ✧

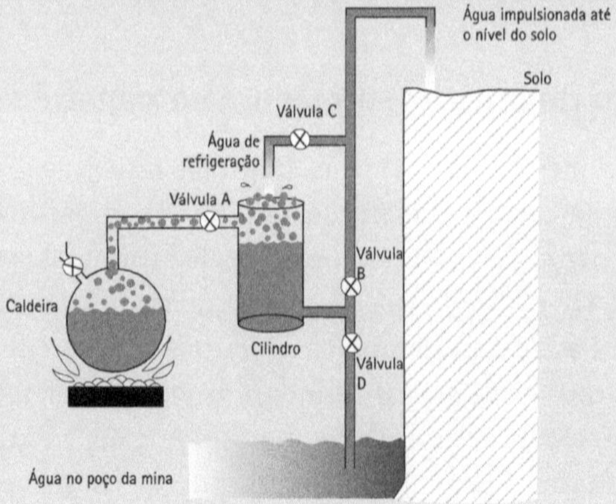

O vapor a alta pressão que preenche o cilindro, quando resfriado pela água, condensa-se rapidamente, produzindo vácuo em seu interior. A água do fundo da mina sobe, preenchendo esse espaço vazio (com as válvulas A e B fechadas). Ao penetrar novamente no cilindro (com a válvula A aberta), o vapor empurra a água para cima (com a válvula D fechada e B aberta).

Savery escreveu diversos livretos sobre suas invenções. Num deles, denominado *O amigo do mineiro*, descreveu o funcionamento de sua "máquina de fogo" orientando os mineiros na utilização.

A máquina a vapor de Newcomen

A utilização de vapor a alta pressão no cilindro era considerada uma das desvantagens da máquina de Savery. Esse fato ocasionava vez por outra explosões do mecanismo. A correção do problema veio com a invenção de uma outra máquina, projetada por Thomas Newcomen (1663-1729). A máquina de Newcomen não utilizava vapor a alta pressão. Para eliminar esse inconveniente, seu inventor introduziu um êmbolo que se movia no interior de um cilindro e que estava conectado a um sistema de braços oscilantes. A invenção de Newcomen não pôde ser utilizada em larga escala até 1730 em razão da patente de Savery. Mas, a partir daí, espalhou-se pela Inglaterra, chegando a ser exportada para diversas localidades, como a Rússia e as colônias norte-americanas.

O trabalho das máquinas térmicas, tanto a de Savery como a de Newcomen, necessitava de complexas operações de abertura e fechamento de válvulas. A ação era realizada inicialmente por um operário. A máquina de Newcomen foi a primeira a utilizar o ritmo das partes móveis para controlar o desenvolvimento dessas operações, num processo de automatização.

A máquina de Newcomen representou uma síntese de diversos trabalhos que vinham se realizando desde o fim do século XVII por vários engenheiros e filósofos naturais ingleses e franceses. O inventor manteve estreito contato com Robert Hooke (1635-1703), encarregado da preparação de experimentos na Royal Society de Londres. Por carta, os dois discutiram questões teóricas e técnicas, e Hooke chegou a propor algumas soluções para problemas da máquina a vapor de Newcomen. Além disso, ambos conheciam os trabalhos de Denis Papin (1647-1714), médico protestante francês que viveu na Inglaterra durante um grande período de sua vida por causa de perseguições religiosas. Apesar de ter estudado medicina, Papin se interessava pela elaboração de aparatos voltados para a realização de experimentos. Nesse processo, acabou construindo máquinas a vapor em fins do século XVII. De volta a Paris, trabalhou com Christiaan Huygens (1629-95) no projeto de uma máquina a vapor. Um dos mecanismos por eles construído utilizava a produção de vácuo pela condensação do vapor. Papin e Huygens perceberam que a condensação do vapor produzia o movimento cíclico de um êmbolo e que isso poderia ser aproveitado. A máquina de Newcomen incorporou esta e diversas outras inovações que vinham sendo feitas na época.

A partir da popularização da máquina de Newcomen, os filósofos naturais começaram a estudar os princípios físicos que regiam o funcionamento baseado nas propriedades térmicas do vapor. Os estudos de termologia, antes considerados secundários, passaram a fazer parte dos principais problemas com os quais os filósofos naturais se defrontavam. A partir daí, foram fabricadas diversas máquinas a vapor em miniatura, vendidas às universidades britânicas com o intuito de servir em experimentos e atividades didáticas. E foi uma dessas miniaturas que possibilitou um dos principais avanços em relação à

✧ A MÁQUINA DE NEWCOMEN ✧

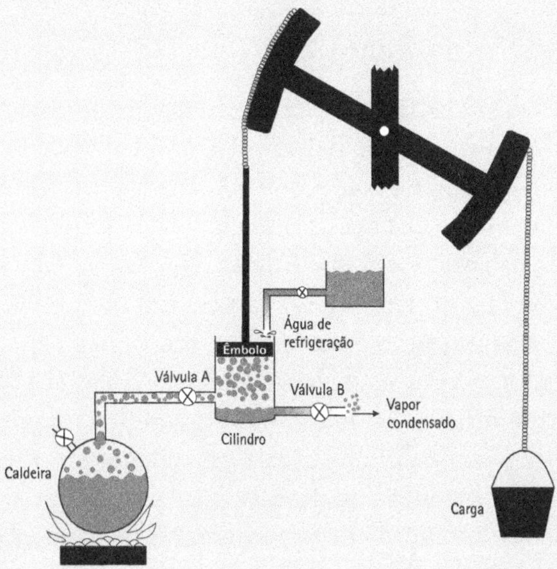

O vapor penetra no cilindro, elevando o êmbolo. Ao ser resfriado, condensa-se. O vácuo faz o êmbolo descer empurrando o vapor para fora. Introduz-se novamente vapor e fecha-se o ciclo. A elevação da água é feita pela suspensão da carga. Em 1752, fez-se uma comparação entre a máquina de Newcomen e as antigas bombas de sucção a tração animal. No relato tomou-se uma mina com profundidade de 73 metros como base e usou-se um tonel idêntico, em ambos os métodos, como medida de volume de água. O tempo de trabalho era equivalente ao de um dia.

	Tonéis	Custo do Trabalho
Cavalo	305	24 shillings
Newcomen	1.140	20 shillings

máquina de Newcomen e estabeleceu um marco no desenrolar da Revolução Industrial.

A inovação de James Watt

James Watt (1736-1819) nasceu quando a máquina de Newcomen começava a se popularizar. Por problemas de saúde, sua formação escolar acabou ocorrendo em casa, na Escócia. Seu pai tinha ao lado de casa uma oficina de carpintaria que produzia peças para serem embarcadas em navios. Graças a essa proximidade e ao tempo que passava em casa, Watt interessou-se pela fabricação de instrumentos. A fim de aperfeiçoar-se, foi estudar com os melhores mestres dessa arte em Londres. Ao retornar à Escócia, ainda na condição de aprendiz e sem pertencer a nenhuma escola das oficinas dos mestres locais, não conseguiu se estabelecer por conta própria. Acabou trabalhando no reparo de ferramentas e instrumentos científicos na Universidade de Glasgow. A instituição possuía miniaturas da máquina de Newcomen para demonstrações nas aulas. Quando uma delas apresentou problemas de funcionamento, foi enviada ao fabricante para reparo, retornando sem apresentar um perfeito desempenho. Watt começou a estudar seu mecanismo tentando consertá-la. A máquina produzia muita fumaça no processo de resfriamento do cilindro. Ficou claro para ele que havia ali um grande desperdício de trabalho, pois, após o resfriamento, o cilindro devia ser reaquecido toda vez que se iniciava um novo ciclo. Isso não era um defeito, mas um problema intrínseco ao próprio funcionamento da máquina. Watt pensou então em solucioná-lo acrescentando outro recipiente para realizar a condensação do vapor e mantendo assim o cilindro sempre aquecido. Realizou diversos testes no laboratório e, em 1765, construiu o primeiro protótipo de uma nova máquina.

✧ A MÁQUINA DE WATT ✧

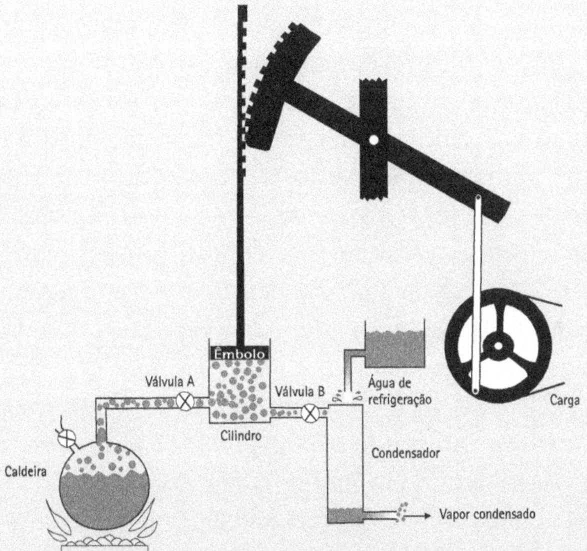

Na máquina de Watt, o primeiro cilindro serve para movimentar o êmbolo, e o segundo para a condensação. O vapor preenche os dois cilindros, mas o resfriamento ocorre no segundo (condensador). Com isso, ao se produzir vácuo, o vapor migra para o condensador, permitindo a descida do êmbolo. Como o primeiro cilindro não é resfriado, está resolvido o problema da máquina de Newcomen.

A máquina de Newcomen fora um desenvolvimento paralelo ao da máquina de Savery. Portanto, apesar de incorporar diversos conhecimentos que se desenvolviam, trazia certa dose de inovação no trabalho de síntese. A máquina de Watt, embora seja considerada um novo mecanismo, representou um aperfeiçoamento em relação à de Newcomen pela incorporação do condensador. A inovação de Watt produziu uma melhora considerável no rendimento[2] da máquina, aumentando sua força útil.

Ao longo do desenvolvimento das máquinas térmicas encontraram-se soluções para problemas técnicos que levaram à evolução dos processos de conversão do vapor em força útil às máquinas de forma completamente independente dos estudos teóricos. Somente após a eclosão da Revolução Industrial na Inglaterra, e sua posterior expansão para outros países do continente europeu, passaram a se realizar estudos teóricos que deram início a novos ramos da ciência, como a termodinâmica.

Os movimentos das máquinas a vapor foram transpostos para diversas outras máquinas utilizadas no processo de fabricação de tecidos, num primeiro momento, e posteriormente de diversos outros produtos. Do ponto de vista econômico, o sucesso da máquina a vapor pode ser considerado um dos inúmeros fatores que contribuíram para o surgimento de um novo modo de produção. Mas, do ponto de vista técnico, tornou-se um divisor de águas no que tange à percepção das múltiplas possibilidades que uma bem organizada parceria entre teoria e prática poderiam trazer para o futuro.

---

[2] Alguns conceitos científicos, como o de trabalho e rendimento, apesar de utilizados pelos engenheiros desde o fim do século XVII, só adquiriram os significados modernos a partir do século XIX.

3

KANT E A COMPREENSÃO DA NATUREZA

✧ ✧ ✧

Após o estabelecimento da ciência moderna, a filosofia teve de enfrentar um problema crucial: como se conhece a verdade? Duas correntes filosóficas se opunham no que tange à forma de apreensão da realidade.

A primeira foi o racionalismo, que via no pensamento a única fonte confiável de conhecimento. Só na razão residiria a verdade universal. A segunda era o empirismo, defensor da idéia de que todo saber só poderia provir dos sentidos, da experiência sensível. Vários filósofos haviam se alinhado no interior das duas correntes. Essa dualidade não era nova, existia desde os gregos.

Os racionalistas tinham em Descartes sua referência no contexto da ciência moderna. Além de se posicionar filosoficamente a favor do primado da razão em detrimento dos sentidos, Descartes construíra uma física de cunho matemático, baseada em processos dedutivos a partir de princípios gerais.

Os empiristas, como o britânico John Locke, defendiam que a mente humana era uma tábula rasa na qual os sentidos iam imprimindo idéias simples ao longo da vida. A partir delas, o intelecto construía idéias complexas. O processo que permitiria partir de fatos particulares, apreendidos pelos sentidos, para se chegar à formulação de leis e teorias gerais chamava-se indução.

David Hume, outro empirista britânico, levantou em 1748 sérias questões relativas ao método da indução. Sua pergunta básica era: como se poderia passar da observação de um fato particular para uma lei geral? Tentando responder a essas indagações, Hume formulou uma resposta na qual afirmava que só os conhecimentos locais, provenientes da experiência, poderiam ser considerados verdadeiros. As generalizações, frutos da razão, seriam sempre falsas, pois não se tinha garantia alguma de sua veracidade em qualquer situação. Em outras palavras, para Hume, a observação sistemática da ocorrência de um mesmo fenômeno não garantiria que ele se repetisse indefinidamente, não podendo assim levar à conclusão de sua universalidade. O fato de o Sol ter nascido todos os dias até hoje não garante que ele irá nascer amanhã. Essa posição cética de Hume acabou influenciando enormemente outro filósofo que passou a se debruçar de forma mais contundente sobre esse problema epistemológico: Immanuel Kant (1724-1804).

Nascido na cidade de Konigsberg, na antiga Prússia Oriental (hoje Kaliningrado, na Rússia), Kant não casou, não teve filhos e jamais saiu de sua cidade natal, tendo levado uma vida metódica e regrada. A importância de seu trabalho na tentativa de resolver a dualidade racionalismo/empirismo colocou-o entre os maiores filósofos do Século das Luzes, sendo apontado por muitos como o maior filósofo do Iluminismo.

Sua proposta era buscar uma síntese das duas posições consideradas antagônicas e excludentes até então. Kant admitiu que o conhecimento deveria ser obtido por meio da experiência

O RETRATO DA REALIDADE

O astrônomo, Johannes Vermeer

Ao longo dos séculos XVII e XVIII, ao mesmo tempo que os pintores procuravam retratar cenas do cotidiano ou paisagens, buscando ser fiéis ao observado, o empirismo se consolidava nos meios científicos. Refletindo sobre o embate empirismo/racionalismo, Kant procurou mostrar que as representações da realidade não constituem cópias perfeitas daquilo que é percebido pelos sentidos, mas de apreensões que passam por formas de entendimento da razão. Um quadro como *O astrônomo*, de Johannes Vermeer (1632-75), ao tentar retratar a realidade tal como ela é (coisa-em-si), sempre acabará produzindo uma representação filtrada pelos olhos do pintor (coisa-para-nós).

sensível, concordando em parte com os empiristas, mas percebeu que sua obtenção não ocorreria de forma pura. A interpretação e análise das informações provenientes da experiência sensível eram condicionadas por elementos dados pela razão *a priori*. Assim, parafraseando o próprio Kant, pode-se dizer que a razão sem os conteúdos dos sentidos é vazia, mas as sensações sem a razão são cegas.

Kant procurou fazer uma distinção entre duas realidades distintas: a coisa-em-si, ou número, e a coisa-para-nós, ou fenômeno. Afirmou que jamais poderemos chegar ao conhecimento da coisa-em-si, pois, no processo de conhecimento, existiriam formas de entendimento próprias dos homens que funcionariam como óculos, filtrando nossa apreensão da realidade e revelando não a coisa-em-si, mas a coisa-para-nós. Com isso, Kant retirava o sujeito e o objeto do centro da investigação filosófica, como acreditavam racionalistas e empiristas, respectivamente, colocando em seu lugar a interação sujeito-objeto.

A obra de Kant procurou dar um fundamento filosófico para a nova ciência que tinha como referência a física newtoniana e a geometria euclidiana. Respondeu a diversas questões e apontou novos problemas. Seu pensamento ofereceu um caminho seguro para as investigações científicas em diversas áreas ao longo do século XIX.

4

IMAGENS DE NATUREZA NO SÉCULO XVIII

Todo entendimento do mundo baseia-se sempre em uma ordem. Os gregos, pais da filosofia, construíram várias cosmologias, compreensões racionais (*logos*) da ordem do mundo (*kósmos*), que respondessem às questões mais importantes da existência humana. No caso específico do estudo da natureza, caberia aos filósofos naturais investigar seus mistérios a partir dessa ordem. Como num quebra-cabeça que, para ser completado, necessita do conhecimento prévio da imagem daquilo que se quer montar, essa ordem guia a atividade de interpretação dos dados empíricos e a construção das teorias, organizando-os em torno a alguns princípios gerais.

As imagens de natureza têm orientado as investigações dos filósofos naturais ao longo de séculos. Algumas delas surgem em determinada época como algo inédito, outras são imagens muito antigas que vão se atualizando à medida que novos problemas surgem. Assim aconteceu quando, na primeira metade do século XVIII, o mecanicismo materialista começou a ganhar importância nos meios científicos, enquanto as correntes idealistas, defensoras de explicações não apenas materiais, entraram em decadência. Imagens materialistas ou idealistas não foram invenções do século XVIII, já existiam desde a Antigüidade.

A inovação residia na sua atualização, que associou essas imagens à concepção de um Universo-máquina, produzindo interessantes debates em diversas áreas da ciência.

Em geral, as imagens de natureza inserem-se dentro de visões de mundo mais amplas. Não sendo construções individuais, guiam o olhar de filósofos, escritores, pintores, engenheiros etc. ao longo de décadas ou mesmo séculos. Cada um deles reflete em sua obra traços dessas concepções.

Uma única imagem de natureza, ao ser compartilhada por um grupo de filósofos naturais, acaba determinando o surgimento de uma escola de pensamento. Em cada momento da história, podemos encontrar diversas dessas escolas divergindo em torno de um experimento e procurando interpretá-lo à luz de seus fundamentos. Mesmo que uma delas se torne hegemônica em determinada época, obtendo sucesso na explicação de um conjunto amplo de fenômenos, isso não significa que as outras desapareçam. Elas permanecem vivas, em discordância com seus opositores e propondo-lhes questões que têm por objetivo provar a falsidade de suas concepções.

Após a consolidação da ciência moderna, no século XVII, algumas dessas escolas estabeleceram um importante diálogo, ao longo do século XVIII, na busca da construção de uma teoria que explicasse a totalidade dos fenômenos da natureza. As principais foram as de base mecanicista, que, ao associar o Universo a uma máquina, conseguiram ter grande êxito.

O mecanicismo

Embora o mecanicismo tenha nascido lentamente nos séculos anteriores, sua hegemonia só se estabeleceu a partir da filosofia das Luzes. Pode-se dizer que a razão iluminista foi fundamentalmente uma razão mecanicista. Para além do estudo da natureza, os iluministas tentaram encontrar uma ordem mecânica nos mais diversos níveis da sociedade, na qual tudo podia ser compreendido por meio de engrenagens e movimentos repetitivos, determinados de modo matemático. Apesar da mesma denominação, o mecanicismo não se constituiu como uma visão uniforme. Na realidade, existiram diversos mecanicismos, quase tantos quantos foram os filósofos naturais que os adotaram na compreensão do Universo. Entretanto, alguns deles construíram sistemas de pensamento nos quais diversos outros se apoiaram.

Na França, René Descartes (1596-1650) formulou um mecanicismo em que a compreensão do todo deveria se dar pelo entendimento do funcionamento das partes, assim como um relógio pode ser entendido pela compreensão de suas engrenagens. No Universo cartesiano só existiam duas substâncias, a extensa (*res extensa*) e a pensante (*res cogitans*). A primeira seria a substância formadora de toda matéria, a segunda só existiria no homem – constituído por ambas as substâncias. As duas, apesar de poderem coexistir no homem, seriam independentes, como a matéria e a idéia, de Platão, e a dualidade corpo e alma, de santo Agostinho.

A concepção de matéria de Descartes retirava da *res extensa* qualquer atividade, sendo ela completamente inerte. Nada poderia ser gerado a partir dessa matéria. No início dos tempos, o criador havia dado a ela uma certa quantidade de movimento que era conservada desde então.

Newton, ao criar suas quatro leis do movimento – as três leis clássicas e mais a lei da gravitação universal –, havia unificado as físicas celeste e terrestre, estudadas como áreas estanques desde os tempos de Aristóteles. Assim, podia-se compreender com uma única teoria o movimento dos corpos na superfície da Terra e as órbitas dos planetas.

Ao contrário de Descartes, Newton atribuiu à matéria uma atividade, a propriedade de atração por meio da força gravitacional. Essa força variava diretamente em relação ao produto das massas e inversamente ao quadrado das distâncias. Dessa forma, Newton não só atribui essa propriedade à matéria, como possibilitou sua determinação matemática com a lei da gravitação universal.

A construção do mecanicismo contou ainda com algumas proposições de Leibniz (1646-1716). Suas idéias trouxeram para a visão mecanicista de natureza um novo componente ligado à metafísica.

✧ A metafísica ✧

O filósofo Andronico de Rodes (séc. I) reuniu e classificou os escritos de Aristóteles. Os livros que foram catalogados após o livro *Física* (daí o prefixo meta) ficaram conhecidos como metafísica. Como a temática tratada nesses volumes referia-se às causas primeiras, isto é, à origem de tudo ou à essência das coisas, a palavra metafísica ficou associada a esse estudo. Em termos científicos, pode-se dizer que uma teoria é metafísica se esta estiver baseada em elementos que não possam ser comprovados experimentalmente.

Para Leibniz, o Deus-relojoeiro havia não só criado o mecanismo do Universo no início dos tempos, mas também colocara nele os seus desígnios. Dessa forma, o mundo de Leibniz não possuiria um mecanismo qualquer. Deus o teria feito da forma mais simples, mais diversificada, harmoniosa, enfim, teria feito *o melhor dos mundos possíveis*. Essa tese inspirou estudos nas mais diversas áreas, da física à história natural.

As visões de natureza de Newton, Descartes e Leibniz acabaram se transformando nos principais fundamentos do mecanicismo. A partir de contradições e sínteses desses três sistemas constituíram-se diversas correntes mecanicistas que permitiram investigações em campos aparentemente diversificados, desde a física até a medicina, da química à economia.

A partir das primeiras décadas do século xviii, essas correntes mecanicistas se espalharam por toda a Europa, transformando a visão do Universo-máquina no símbolo máximo da nova razão.

Do mecanicismo deísta ao materialista

Na França, onde o pensamento de Descartes era hegemônico, a obra de Newton foi absorvida de forma gradativa pelos filósofos naturais. Um dos expoentes da ciência francesa que utilizou as idéias de Newton foi Pierre Maupertuis (1698-1759). Da física ao estudo dos seres vivos, Maupertuis procurou confrontar o newtonianismo com a tradição mecanicista cartesiana. Entretanto, o pensamento de Newton ganhou seu maior divulgador na pessoa de Voltaire (1694-1778). Após cumprir um período de prisão na Bastilha, Voltaire viajou para o exílio na Inglaterra, em 1727, onde permaneceu por três anos. Nesse período, tomou contato com a filosofia natural de Newton por meio de círculos intelectuais dos quais fazia parte o pastor Samuel Clarke (1675-1729), defensor do pensamento newtoniano nos debates com Leibniz.[1] Voltaire percebeu que ali existia o fundamento de uma nova razão e que o pensamento newtoniano poderia servir a uma compreensão da natureza baseada numa doutrina que já vinha se tornando muito popular entre os filósofos iluministas: o deísmo.

✧ Deísmo ✧

Doutrina filosófica que defende um Deus criador do Universo, mas nega sua revelação por meio de textos sagrados como a Bíblia. Para os deístas, Deus, ao criar o Universo, já colocara nele todas as suas intenções. O deísmo ajustou-se muito bem à concepção de um Universo-máquina, pois o criador passou a ser comparado a um relojoeiro, que, ao construir o mecanismo do mundo, deu a ele movimento e colocou seus desígnios em cada ser, as engrenagens da criação.

Ao retornar à França, Voltaire dedicou-se ao trabalho de levar ao conhecimento do grande público a obra de Newton. Como bom iluminista, acreditava que o pensamento newtoniano não poderia se restringir aos círculos intelectuais. Aquele que considerava como o grande ícone das Luzes deveria ser conhecido por todos. Voltaire escreveu dois livros para a difusão do newtonianismo: o primeiro, denominado *Elementos da filosofia de*

---

[1] Para maior esclarecimento ver volume 2 desta coleção, *Das máquinas do mundo ao Universo-máquina*.

Newton, expõe de maneira didática as idéias do físico inglês confrontando-a com as de Leibniz, que ele considerava falsas. O segundo, uma obra literária de grande importância denominada *Cândido*, procura atacar Leibniz de forma irônica com um personagem que, apesar de sofrer todas as desventuras possíveis, continua a acreditar que este é o melhor dos mundos.

O trabalho de divulgação realizado por Voltaire foi extremamente importante. Além de levar os fundamentos da mecânica de Newton para o grande público também procurou expor os ideais deístas. O pensamento de Newton passou a ser conhecido por uma ampla camada de intelectuais fora dos círculos filosóficos. Para o movimento iluminista, essa difusão foi fundamental, pois, ao se tornar a base da nova razão, o pensamento newtoniano acabou extrapolado para fora do âmbito da física.

Outra corrente mecanicista, discordante da deísta, foi a materialista. O materialismo não era uma concepção nova. Desde a Antigüidade alguns filósofos defendiam formas de pensamento materialistas a partir de influências da escola epicurista.

✧ Epicurismo ✧

Escola filosófica fundada por Epicuro (341-270 a.C.) na Grécia. Seu pensamento tem como ponto de partida a idéia de que todo conhecimento deve se apoiar em entes materiais, negando dessa forma o sobrenatural. A física epicurista defendia, como a dos atomistas gregos anteriores a ela, que o Universo era formado de átomos e do vazio, sendo este último o espaço onde os átomos se locomoviam. O materialismo epicurista influenciou diversas escolas de pensamento, da Antigüidade aos tempos modernos.

Ao longo do século XVIII surgiu uma corrente de pensamento no interior do mecanicismo, de base materialista. Seus adeptos negavam radicalmente toda e qualquer metafísica. Essa concepção implicava, em primeiro lugar, a negação da existência de um Deus criador do Universo. Também recusava qualquer explicação que atribuísse à matéria propriedades animistas, isto é, que conferissem almas ou espíritos aos corpos. O mecanicismo materialista defendia que todos os fenômenos naturais deveriam ser explicados por corpos e fluidos em movimento, e pelas suas interações. Nada existiria na matéria que a animasse. Essa crença, herdeira do pensamento de Descartes, acarretava alguns problemas que afetavam principalmente os médicos e naturalistas.

Críticas ao mecanicismo: o vitalismo

O mecanicismo materialista não conseguia resolver algumas questões ligadas ao estudo da vida.

Uma pedra e um animal seriam formados pelas mesmas partículas e fluidos? O que os diferenciaria para que pudéssemos afirmar que um era um ser vivo e outro não? Se não existe um Deus criador, como surgiu o primeiro ser vivo na Terra?

Diversos médicos e naturalistas não aceitavam os fundamentos do mecanicismo materialista por não conseguirem perceber onde se encontrava o limite entre o vivo e o não-vivo. Dessa forma, surgiu uma corrente de pensamento denominada *vitalismo*, que se contrapôs ao mecanicismo materialista afirmando a existência de um *princípio vital* na matéria.

A proposição da existência de um princípio vital não era nova. Médicos e naturalistas da Antigüidade já haviam escrito sobre o tema. O próprio Aristóteles (384-322) defendeu a existência do *pneuma* como o princípio vital. Diversos significados foram atribuídos à palavra pneuma ao longo da Antigüidade. Para Aristóteles, significava algo intermediário entre a alma e o corpo, mas com características materiais. O pneuma seria material, mas com propriedades especiais como as do éter existente no mundo supralunar, proporcionando aos corpos o calor vital.

Mais tarde, dentre as correntes filosóficas do período helenístico, o *estoicismo* se destacou por defender concepções de uma matéria não inerte. Suas idéias adentraram a Europa por intermédio de textos alquímicos. Os adeptos dessa corrente filosófica concebiam a natureza como um grande organismo e acreditavam que o pneuma fosse uma substância espiritual com forma similar à mistura de fogo e ar, que preencheria todos os corpos orgânicos. A vida proviria dessa substância.

✧ Estoicismo ✧

Escola filosófica fundada em Atenas por Zenão de Cício no século III a.C. Por se reunir próximo a um portal denominado Stoa, seus adeptos ficaram conhecidos como *estóicos*. Sendo contemporâneo ao epicurismo e a ele antagônico, o estoicismo defendia a existência de uma certa atividade na matéria. Ao longo de quase 500 anos, os filósofos dessa escola trataram de diversos temas, como a física, a lógica e a ética. Os estóicos viam os três aspectos como parte de uma árvore na qual a física seria a raiz, a lógica o tronco, e a ética os frutos. A física, ou estudo da natureza, e a ética estariam, nesse sistema, intimamente interligadas.

Ao longo do século XVIII o vitalismo teve adeptos em diversos países da Europa. Na França, uma escola de medicina situada na cidade de Montpellier ficou particularmente famosa na defesa dessa concepção. As idéias dos médicos da Escola de Montpellier influenciaram enormemente o pensamento científico francês.

Os defensores do vitalismo dividiam-se basicamente em duas correntes, cada qual com nuances próprias na forma como percebiam a vida. O primeiro grupo defendia como fundamento básico da vida a existência de uma alma nos seres vivos. Por isso, eram considerados vitalistas-animistas (ânima é "alma" em latim). O segundo grupo considerava que deveria existir na matéria viva um princípio vital diferente da alma, que separaria os seres vivos da matéria inanimada. Entretanto, não se arriscaram a esclarecer a natureza desse princípio.

Apesar de muitos vitalistas negarem as explicações de cunho físico, alguns chegaram a propor em outras regiões da Europa que o princípio vital poderia estar ligado ao galvanismo, hoje conhecido como eletricidade, ou à existência de um magnetismo animal.

A tentativa de resolver o problema da vida gerou estudos bastante amplos em diversos campos ao longo do século XVIII. Entretanto, a denúncia dos mecanicistas materialistas de que as teorias vitalistas utilizavam conceitos metafísicos fez com que o vitalismo se tornasse uma escola de pensamento marginal no cenário das Luzes. Era praticamente impossível provar por meios experimentais a existência de princípios vitais.

Embora perdesse força, a escola vitalista deixou herdeiros. Estes passaram a atacar os fundamentos da ciência iluminista, denunciando seus limites no entendimento da complexidade do Universo.

A insurreição romântica: o sonho do doutor Frankenstein

Apesar de o racionalismo iluminista ter-se imposto como principal caminho para uma compreensão do Universo, diversos questionamentos se fortaleceram a partir das últimas décadas do século XVIII. As críticas procuravam contrapor razão e sentimento, e negavam a visão de uma natureza-máquina. Essa insurreição constituiu um movimento amplo que envolveu diversas dimensões da cultura, da filosofia às artes, passando pela própria ciência. O *movimento romântico*, como ficou conhecido, se espalhou por toda a Europa pregando uma nova visão de mundo, diferente daquela baseada única e exclusivamente na razão mecanicista.

Na literatura, vários autores e obras se tornaram símbolos do movimento romântico. Mas há um pequeno livro, escrito por uma jovem inglesa de 19 anos chamada Mary Shelley (1797-1851), que, no tocante à ciência moderna, tornou-se referência significativa. A obra ficou conhecida como *Frankenstein* e narra a história de um jovem estudante de medicina suíço, chamado Victor Frankenstein, que, numa universidade alemã do século XVIII, sonhava recriar a vida num laboratório. Mary Shelley inspirou-se em experiências que vinham se desenvolvendo naquela época com o intuito de utilizar a eletricidade como princípio gerador da vida. Todo o livro é perpassado pela luta entre criador e criatura, representando a dualidade

✧ A desilusão com as Luzes ✧

A experiência com a bomba pneumática, Joseph Wright of Derby

Num quadro de Joseph Wright de Derby (1734-97), de 1768, intitulado *A experiência com a bomba pneumática*, pode-se ver uma sala escura com um cientista que, diante de algumas pessoas, realiza uma experiência. Todos estão em volta da mesa, e o observador do quadro fecha o círculo. O ar é retirado de um recipiente por uma bomba, e em seu interior encontra-se uma pomba (próxima à mão do cientista). Uma forte luz emana por detrás de um frasco de vidro. Todos os rostos são iluminados pelo experimento, numa referência às luzes da razão trazidas pela ciência moderna. Uma mulher tenta esconder o rosto, amparada por um homem que aponta e explica o experimento, e por uma criança, que olha sem identificar qualquer problema. O experimento, ao mesmo tempo que gera curiosidade, também produz terror.

Noutro quadro, denominado *Fuzilamento dos rebeldes a 3 de maio de 1808*, do espanhol Francisco Goya (1746-1828), pode-se ver a mesma escuridão da imagem anterior. Goya registrou a revolta de algumas pessoas em Madri contra a invasão de Napoleão. Pintado no mesmo ano da insurreição, Goya procurava aí iluminar os rostos dos rebeldes com uma luz proveniente de um lampião em forma cúbica. Os corpos não têm definições anatômicas precisas como as dos quadros clássicos. As luzes representam também a racionalidade, trazida para a Espanha pelos franceses. Ela é matemática e mecanicista. Os soldados não têm rostos. Goya mostra que as "Luzes" também trazem o terror, como a velha ordem.

Fuzilamento dos rebeldes de 3 de maio de 1808, Francisco Goya

razão-sentimento. A autora procurava com isso refletir sobre os caminhos que tomava a sociedade baseada na razão mecanicista. O livro de Mary Shelley tornou-se um símbolo da crítica ao sonho da razão iluminista.

Ainda hoje, para a maior parte das pessoas, criatura e criador se confundem. Frankenstein, o nome do médico, acabou associado ao monstro. Talvez Mary Shelley tenha conseguido seu intento.

Johann Wolfgang Goethe (1749-1832) foi outro crítico da razão iluminista. Considerado um dos maiores nomes da literatura, da poesia e do teatro na virada dos séculos XVIII e XIX, nasceu em Frankfurt, tendo circulado por diversas cidades da atual Alemanha.

Além de já expressar em sua obra literária os fundamentos do nascente movimento romântico, Goethe procurou construir um projeto maior que envolvia a criação de uma nova ciência. A importância de seus trabalhos para o desenvolvimento científico é muito discutida pelos historiadores da ciência. Além dos que vêem uma real contribuição de sua obra para a ciência dos séculos XVIII e XIX, há aqueles que negam completamente seu valor, afirmando que eles constituem apenas especulações míticas e fantasiosas. Entretanto, seus escritos representaram contribuição significativa para o surgimento de um debate em torno da visão mecanicista de natureza, possibilitando o surgimento de caminhos alternativos construídos por outros filósofos naturais.

Em todo o seu percurso, Goethe questionou o modo de fazer ciência predominante naquele contexto, apontando um modo alternativo, em que a pesquisa fosse sobretudo empírica. As investigações empíricas não deveriam, contudo, forjar situações nos laboratórios, aprisionando a natureza. Os filósofos naturais precisavam ir ao encontro dos eventos naturais, de forma a deixá-los se expor de modo integral. Goethe também desconfiava dos pensamentos muito abstratos e especulativos. Defendia que a excessiva matematização presente na ciência também era um problema a ser combatido. Afinal, os conhecimentos sobre os fenômenos naturais que a matemática poderia trazer eram sempre limitados, uma vez que apenas tratavam de grandezas e relações quantificáveis. Assim, essas análises deixavam de lado questões muito importantes, como aquelas relacionadas à vida.

Goethe escreveu estudos sobre óptica e história natural. A natureza em sua obra não era mecânica e descrita por leis matemáticas. Sua proposta negava essas abstrações, procurando compreender o mundo a partir da própria natureza. Em *A doutrina das cores* tentou construir uma alternativa à óptica newtoniana, dando uma nova interpretação para as cores. Já no pequeno volume *A metamorfose das plantas*, fez um estudo de suas transformações a partir de uma visão orgânica. Nos dois livros procurou demonstrar, mais que apenas propor, como se poderia fazer uma pesquisa de acordo com seu modo de ver a natureza.

Apesar da grande importância atribuída à pesquisa empírica, não podemos dizer que Goethe foi um empirista estrito. Para ele, a teoria deveria refletir a ordem dinâmica dos fenômenos. Nenhum fenômeno natural se explicaria por si mesmo, isoladamente. Apenas quando ordenados em conjunto, dariam o que podemos chamar de teoria. Não havia para Goethe uma subjugação do local ao global, nem do global ao local. O

✧ *Newton* de William Blake ✧

Newton, William Blake

Em 1795, William Blake pintou um quadro com o título *Newton*, onde representava Isaac Newton como um demiurgo encurvado em direção a um papel branco, com um compasso nas mãos, construindo figuras geométricas. O Newton de Blake encontra-se sentado numa pedra, envolto por uma natureza colorida e rica em diversidade, mas de costas para ela. Assim, é retratado como alguém que deseja falar sobre o Universo, procurando insistentemente na matemática a verdade da natureza. Newton e a pedra formam um quadrado fechado em si mesmo. Sua mente só pode construir modelos abstratos e vazios, é incapaz de se harmonizar com o Universo e alcançar sua verdade sublime.

homem não estava separado do mundo, o princípio vital da natureza era o mesmo da alma humana.

As artes plásticas também viviam no final do século XVIII um conflito entre formas de fazer e construir a arte. O confronto estava diretamente ligado aos diferentes olhares sobre o mundo. Esse conflito expressava-se por meio da oposição entre os valores estabelecidos a partir da segunda metade do século XVIII por um movimento artístico denominado *classicismo* e aqueles trazidos pelo romantismo.

A arte clássica valorizava o pensamento racional, base do movimento iluminista, e tinha por principal modelo a ordem inerente às construções das matemáticas e das ciências.

O Romantismo questionava tanto a primazia da ordem quanto o ideal abstrato da matemática. A noção de ordem foi substituída pela de símbolo. Um adepto significativo desse ideal foi o poeta e pintor inglês William Blake (1757-1827), defensor da idéia de que a arte era pura atividade do espírito, fruto de inspiração, e não de estudo, de subjetividade, e não de objetividade. Para Blake, a ciência tivera conquistas, possuía aspectos sublimes, mas era limitada, estava fadada ao fracasso. Esse posicionamento fez-se presente em suas obras.

A *Naturphilosophie*

No final do século XVIII surgiu um movimento filosófico denominado *Naturphilosophie*, que pretendia se opor à razão mecanicista defendida pelo iluminismo. Friedrich Schelling (1775-1854) foi um dos maiores representantes dessa corrente.

Schelling teve contato com alguns filósofos naturais de sua época e recebeu forte influência do idealismo e do movimento romântico alemão. Esse fato marcou de forma crucial seu pensamento, delineando os temas com os quais se defrontou ao longo da vida. Sua obra, apesar de relacionada à filosofia natural, não se constituiu como um conjunto de teorias científicas, como Newton havia feito no século anterior, restringindo-se a apontar caminhos a serem seguidos pela ciência.

As divergências entre a *Naturphilosophie* e o mecanicismo poderiam ser explicitadas em vários pontos. O primeiro deles residia na própria apreensão da realidade. Schelling defendia que os filósofos naturais deveriam estudar a natureza, percebendo-a como um ser completo, um todo orgânico, ao contrário da razão mecanicista, que procurava separá-la em partes para então compreendê-la. O segundo aspecto residia na forma como a matéria era concebida. Os mecanicistas materialistas acreditavam que a matéria era algo inerte, sem qualquer atividade, formada somente de corpos e fluídos que interagiam entre si. A *Naturphilosophie*, ao contrário, propunha que a matéria possuía atividade própria, a diferença estaria vinculada ao fato de essa atividade ocorrer em diversos níveis. A natureza era percebida como uma sucessão de diferentes planos, cujo ápice seria a vida. Nesse ponto, é clara a influência do vitalismo na *Naturphilosophie*. Num Universo ativo como o proposto por Schelling, a causa do movimento não seria atribuída somente à ação de forças, mas a algo intrínseco à própria matéria.

Schelling considerava equivocados todos os estudos filosóficos e científicos que pressupunham divisões do tipo matéria e forma, ou sujeito e objeto. Para ele, as dualidades defendidas por filósofos do passado, como Platão (idéia e matéria), santo Agostinho (matéria e espírito) ou Descartes (pensamento e extensão), seriam expressões de um mesmo princípio.

Até os fenômenos naturais nada mais seriam que diferentes expressões de uma única atividade primordial. Luz, calor, eletricidade, magnetismo e vida constituiriam manifestações perceptíveis de uma mesma força polar básica que se encontrava presente em toda a natureza. Já se sabia, no final do século XVIII, que os seres vivos possuíam correntes elétricas circulando em seus corpos. Sabia-se também que um condutor, ao ser percorrido por essa mesma corrente elétrica, produz calor num primeiro momento. Se a corrente aumentar, ele irá se aquecer de tal forma que ficará incandescente, produzindo também luz. O único fenômeno ainda não compreendido nesse processo era o magnetismo. Nessa visão, os fenômenos naturais seriam as manifestações visíveis de um permanente conflito entre forças polares básicas, atração e repulsão, em que uma delas sempre se sobrepunha à outra. Quando o conflito numa manifestação era muito intenso, como na eletricidade, ela não conseguiria permanecer contida nessa forma, provocando um outro efeito, como, por exemplo, um fenômeno térmico. Dessa maneira, os adeptos da *Naturphilosophie* percebiam uma seqüência de manifestações sempre provocadas por um mesmo processo.

A *Naturphilosophie* apresentava uma nova imagem de natureza, indicando um caminho para se construir a ciência. Alguns filósofos naturais incorporaram em seus trabalhos científicos os pressupostos desse novo modo de perceber a natureza. A grande maioria desses trabalhos desenvolvia-se longe dos princípios mecanicistas. Os filósofos naturais adeptos do mecanicismo continuavam buscando explicar a natureza a partir de forças de interação entre diferentes partículas e fluidos sutis que compunham o Universo.

Apesar de não haver consenso sobre o valor científico da *Naturphilosophie*, não se pode negar que os movimentos de crítica ao mecanicismo – seja o de Goethe, dos artistas românticos ou da *Naturphilosophie* – trouxeram novas questões à ciência, contribuições que deixaram suas marcas. Estudá-los é fundamental para compreender muitas teorias científicas então desenvolvidas. Certamente, sem as críticas à filosofia mecanicista, a ciência do século XIX seria outra, teria uma história diferente.

5

A CIÊNCIA EXPERIMENTAL

✧ ✧ ✧

Embora o nome de Newton esteja associado à fundação da ciência moderna no século XVII, uma importante parte de sua obra, o livro *Óptica*, foi publicada no início do século seguinte. Nesse trabalho Newton utilizou experimentos para demonstrar teoremas e proposições. A ciência experimental ali valorizada teve grande desenvolvimento no século XVIII.

O inglês Joseph Black (1728-99), professor de medicina e química de Glasgow, é exemplo de um personagem que trouxe novos problemas à química a partir da procura de remédios eficazes para combater cálculos renais. Ao aquecer carbonato de magnésio, substância muito usada na medicina da época, percebeu que este perdia massa, sem que se houvesse formado qualquer líquido ou sólido. Concluiu então que a perda de massa observada decorria da liberação de um certo ar inicialmente fixado à substância manipulada. Por essa propriedade, o novo ar foi denominado "ar fixo". Suas experiências mostravam também que o ar fixo apresentava características distintas do ar atmosférico, tais como densidade maior, odor típico e a propriedade de apagar as chamas de velas. A manipulação do ar fixo mostrou que este era o gás expelido na respiração humana e também o obtido com a queima do carvão.

A identificação de um novo ar colocava algumas questões para a ciência da época: o ar fixo não poderia estar presente na atmosfera? Seria o ar atmosférico um elemento simples, como se acreditava desde a Antigüidade, ou composto de vários gases?

A busca de novos ares

A pesquisa experimental que se desenvolvia na primeira metade do século XVIII impunha cada vez mais aos filósofos naturais questões que colocavam em xeque as verdades estabelecidas.

Investigando-se a temperatura de um termômetro imerso num recipiente com álcool, por exemplo, verificou-se que, quando uma parcela do álcool evaporava, a temperatura registrada pelo termômetro diminuía, indicando que o líquido tornara-se mais frio no processo. Como o efeito ocorria mesmo no vácuo, a teoria sobre a evaporação então vigente – que admitia ser o fenômeno decorrente da dissolução do líquido no ar – precisava ser reformulada.

Outro problema referia-se ao fenômeno da vaporização. Os estudos realizados evidenciavam a possibilidade de se produzir vaporização com quase todas as substâncias. Tudo indicava que os vapores encontrados nesses experimentos não eram substâncias específicas, mas líquidos que haviam passado para um estado especial, o gasoso.

Cada vez mais tornava-se claro que os estados da matéria então reconhecidos – sólido, líquido e gasoso – não se encontravam associados a elementos químicos distintos. Ao contrário, qualquer elemento poderia se manifestar nos três estados.

A hipótese dos três estados da matéria fortalecia-se com a descoberta de novos ares. O ar fixo de Black foi o primeiro de muitos outros. O inglês Henry Cavendish (1731-1804) realizou vários experimentos analisando a ação dos ácidos sulfúrico e clorídrico sobre diversos metais, como ferro, zinco e estanho. Nessas investigações, ele sempre coletava um mesmo gás invisível que se mostrava distinto do ar fixo. A pesquisa aprimorada com o novo gás mostrou que ele tinha a propriedade de pegar fogo, e por isso recebeu o nome de ar inflamável.

Aqueles que se envolviam com a química procuravam encontrar novos caminhos para isolar ares e, assim, melhor analisar as características e comportamentos dos gases já identificados. Foi assim que o pastor protestante inglês Joseph Priestley (1733-1804) ganhou um prêmio em 1752 da Royal Society. Priestley, que morava ao lado de uma cervejaria, observara que os gases oriundos da fermentação da cerveja tinham o poder de extinguir as chamas. Suspeitou ser aquele gás transparente o mesmo que Black isolara. Para verificar sua hipótese, fez o gás se dissolver em água. Após diversos experimentos, em que procurou isolar o gás por caminhos diferentes dos indicados por Joseph Black, Priestley confirmou sua suspeita e constatou que a solubilidade do ar fixo em água variava com a pressão a que estava submetido. Quanto maior a pressão, mais solúvel era o gás. Como resultado desse trabalho obteve água gaseificada artificialmente.

Depois de 1752, Priestley dedicou-se com afinco à procura de outros gases, tendo construído novos métodos para capturálos. Realizou suas investigações à luz da teoria do flogisto, criada por Johann Joachim (1635-82) e complementada pelo médico do rei da Prússia, Georg Ernst Stahl (1660-1734).

Uma química de princípios: o sucesso de Stahl

Embora fosse médico, Georg Stahl se dedicou a pesquisas no campo da química ao longo da segunda metade do século XVII. Ele abriu novas possibilidades de entendimento para essa ciência ao identificar os fenômenos da calcinação dos metais com os da combustão de madeira, carvão, óleo e enxofre. Na interpretação de Stahl, os dois processos ocorriam pela liberação de uma substância especial – o flogisto.

Para explicar a combustão, admitiu que o carvão era um composto de cinzas e flogisto. O ar em torno do carvão, quando extremamente aquecido, aumentava o movimento do flogisto, permitindo sua liberação. Ao longo desse processo observava-se a combustão e, ao final, um produto; as cinzas. A explicação para a calcinação dos metais era similar, uma vez que Stahl admitia ser o metal resultado da união de uma cal relativa a ele (hoje reconhecemos essa cal pelo óxido do metal tratado) com o flogisto. Assim como na combustão, a calcinação decorria da liberação do flogisto do metal, e o produto final seria o metal sem flogisto, ou seja, a sua cal.

A diferença básica entre os processos de combustão e calcinação era, para Stahl, o fato de o segundo ser um processo reversível. Para ele, essa diferença constituía uma prova da identidade entre os dois processos, uma vez que era o carvão, em seu estado saturado de flogisto, que conferiria à cal metálica seu brilho, restituindo-lhe o flogisto perdido e transformando-a em metal. Mais tarde a teoria do flogisto foi também utilizada para explicar a respiração.

Stahl era um vitalista que se recusava a pensar o ser vivo como máquina compreensível exclusivamente por meio de princípios físicos e químicos. Segundo ele, a vida teria um princípio próprio particular que estaria em permanente luta contra a desintegração, observada com a morte de um organismo. Assim, quando um ser vivo morria, tudo o que lhe constituía durante a vida continuava presente, faltando-lhe no entanto, o essencial, o sopro vital.

A teoria do flogisto foi adotada rapidamente nos países germânicos. Na França, até meados do século XVIII, ela não se fez presente nas obras de química mais importantes. Com a demanda da indústria, principalmente a metalúrgica, os textos germânicos ganharam notoriedade, e com eles a química de Stahl. Essa notoriedade foi tal que, em 1770, tanto na França como na Inglaterra, a teoria já se encontrava plenamente estabelecida.

Nessa época, era grande a importância da química, e muitos se dedicavam a encontrar novos métodos de aquecimento de substâncias e isolamento de ares.

A eletricidade ganha destaque

A química não foi a única a se beneficiar do desenvolvimento industrial do século XVIII. Os estudos dos fenômenos elétricos também ganharam destaque naquele contexto. Até 1700, pouco se sabia a respeito do assunto. A maior parte do conhecimento vinha da obra do médico inglês William Gilbert (1540-1603), que em 1600 publicara um livro denominado *De magnete.*

Poucos filósofos naturais do século XVII deram continuidade às investigações de Gilbert. A eletricidade só veio realmente a despertar maior atenção no século XVIII. Essa mudança iniciou-se de forma um pouco aleatória. Um experimentador da Royal Society, Francis Hauksbee (?-1713), ao investigar a luminescência produzida num barômetro de mercúrio quando o tubo de vidro que o continha sofria um movimento brusco, acabou por construir uma máquina eletrostática capaz de provocar grandes fagulhas. Esses novos efeitos causaram estranheza e fascínio. Isaac Newton, na época presidente da Royal Society, se mostrou bastante interessado no assunto. Ele reconheceu na força elétrica manifestada nos experimentos apresentados por Hauksbee a possibilidade de explicar a atuação de forças entre pequenas partes da matéria.

✧ Máquina eletrostática de Hauksbee ✧

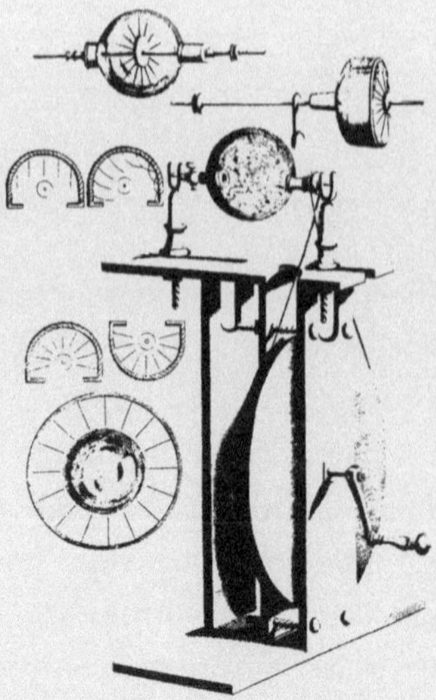

Essa não foi a primeira máquina eletrostática construída na história. No século XVII, a partir da investigação do poder magnético da Terra – defendido por Gilbert –, Otto von Guericke (1602-86) construiu uma máquina eletrostática, mas de pouca aplicação.

✧ A ELETRIZAÇÃO DE UM MENINO ✧

Filósofos naturais no século XVIII utilizaram pessoas para investigar diversos fenômenos elétricos.

Stephen Gray (c.1666-1736) – experimentador que contribuía eventualmente com notas sobre astronomia e microscopia na publicação periódica da Royal Society – também se interessou pelos novos fenômenos elétricos. Deu continuidade aos trabalhos de seu colega realizando uma série de experimentos envolvendo luz e eletricidade. Dessas investigações concluiu, entre outras coisas, que a eletricidade poderia ser conduzida a longas distâncias, por contato. Fez ainda experimentos utilizando pessoas. Num desses trabalhos, eletrizou um menino e o aproximou de um senhor, concluindo daí que o menino comunicava sua eletricidade ao homem, dividindo-a sempre com ele.

Os trabalhos de Hauksbee e Gray foram divulgados pela Europa e estimularam outros filósofos naturais, como o francês Charles François de Custernay Dufay (1698-1739), a investir no estudo da eletricidade. Dufay, seguindo a tradição francesa, não se limitou a pesquisar aplicações práticas e experimentos elucidativos. Sua primeira iniciativa foi construir uma breve história dos estudos de eletricidade, com o propósito de traçar o mapa daquela ciência. A partir disso, enumerou as questões que considerava relevantes à pesquisa do tema, como: todos os corpos podem ser eletrizados por atrito? A eletricidade é uma propriedade comum da matéria? Todos os corpos recebem poder elétrico por contato ou por pequena aproximação? Que corpos param e quais facilitam a transmissão da virtude elétrica? Qual a relação entre atração e repulsão elétricas? O que acontece ao poder elétrico no vácuo, no ar comprimido e a altas temperaturas? Qual a relação entre eletricidade e luz?

Dufay buscou responder a essas indagações construindo diversos experimentos. Verificou, expandindo as análises de Gray, que todos os corpos, com exceção dos fluidos e dos metais, poderiam ser eletrizados por atrito.

As investigações de Dufay levaram-no a concluir que um corpo eletrizado por contato recebia o tipo de eletricidade do corpo com o qual entrou em contato. Dessa forma, defendeu existirem dois tipos distintos de eletricidade, que denominou *resinuous* e *vitreous*. As eletricidades de mesmo tipo se repeliam, e as de tipo oposto se atraíam. Dufay não discutiu se elas constituiriam fluidos, partículas ou outras entidades quaisquer.

Os estudos de Dufay levaram-no ainda a concluir que a eletricidade era uma característica da substância, independente da natureza do material que a atritava. O âmbar atritado, por exemplo, teria sempre eletricidade *resinuous*, já o vidro adquiria eletricidade *vitreous*.

No início da década de 1740, as máquinas eletrostáticas povoavam a Europa, e podiam-se encontrar inúmeras demonstrações de experimentos para o público em geral. Os fenômenos elétricos encantavam, porém ainda era pequeno o número de teorias capazes de explicá-los.

Um novo artefato: a garrafa de Leyden

Na história da eletricidade, alguns trabalhos foram mais significativos que outros, pois permitiram a construção de aparatos que ampliaram as possibilidades de se manipularem os fenômenos elétricos. Este, por exemplo, é o caso da chamada garrafa de Leyden. A construção desse aparato tem uma história bastante peculiar. O filósofo natural alemão Ewald von Kleist (1700-48), ao estudar a eletricidade, indagou sobre o caminho capaz de aumentar a potência das faíscas elétricas até então produzidas. Decidiu que uma possibilidade seria armazenar o fluido elétrico em uma garrafa. Para tal, construiu uma garrafa de vidro com tampa de cortiça na qual foi inserido um prego. O interior da garrafa foi preenchido com uma substância condutora.

Von Kleist julgava que, se encostasse um corpo eletrizado ao prego, este transferiria a carga à substância condutora dentro da garrafa, que, por ser isolante, impediria a saída da carga. Apesar do cuidado que teve ao construir seu aparato, o resultado obtido causou-lhe estranheza, pois percebeu que a garrafa só funcionava se permanecesse ligada à Terra durante o procedimento.

Na mesma época que von Kleist desenvolveu sua garrafa, outro filósofo natural, Pieter Van Musschenbroek (1692-1761), na Universidade de Leyden, na Holanda, realizara experimento similar. Os aparatos de Kleist e de Musschenbroek mostravam ser possível armazenar "eletricidade", porém traziam um problema para aqueles que se dedicavam ao estudo da eletricidade. Com as teorias vigentes não era possível explicar por que a garrafa só cumpria a função de armazenador se estivesse ligada à Terra. Acreditava-se que, com a garrafa aterrada, o fluido elétrico acumulado na água deveria fluir, e não ficar confinado em seu interior.

O problema não impediu o desenvolvimento do aparato, que recebeu o nome de garrafa de Leyden. Ela representou uma grande novidade para os que trabalhavam com eletricidade. Com a associação de várias delas, obtinham-se descargas elétricas de intensidade ainda não observada. A possibilidade de se produzirem descargas elétricas mais potentes foi fundamental para aplicação da eletricidade na investigação de análises químicas e de seres vivos.

✧ Garrafa de Leyden ✧

Uma garrafa de Leyden como esta faz parte dos instrumentos levados a Portugal pelo marquês de Pombal e pertence hoje ao acervo do Museu de Física da Universidade de Coimbra. Com ela, os filósofos naturais encontraram uma nova fonte de energia que permitia experimentar situações ainda inéditas.

A América participa da história da eletricidade

A partir da segunda metade do século XVIII, os Estados Unidos começaram a participar de forma mais significativa da construção da ciência. Benjamin Franklin (1706-90) foi um dos que se destacou nessa função.

Franklin trabalhou como jornalista, tipógrafo, livreiro e ganhou prestígio junto aos políticos de seu país. Apesar dessas características estarem longe do mundo da ciência, ele produziu trabalhos científicos que lhe garantiram a eleição como membro estrangeiro da Royal Society de Londres. Chefiou ainda um grupo de experimentadores da Filadélfia que se dedicou a explorar os fenômenos elétricos. Realizaram experimentos com seres humanos, mostrando que a eletricidade não era criada por atrito. O que ocorria com o atrito, segundo eles, era a transferência do fluido elétrico de um corpo para outro.

O grupo da Filadélfia produziu experimentos muito significativos, dentre os quais aqueles relativos à exploração do poder de ponta. Verificaram que as pontas metálicas podiam tanto atrair quanto lançar o que denominavam *fogo elétrico*. Outros filósofos naturais europeus também haviam feito experimentos com o intuito de investigar o poder das pontas com relação aos relâmpagos. Para Franklin, contudo, eles não possibilitavam uma boa investigação, uma vez que os cabos utilizados ficavam muito longe das nuvens carregadas. Para analisar o assunto da forma que considerava conveniente, em 1752, Franklin utilizou uma pipa com uma ponta metálica ligada à sua estrutura. Conseguiu carregar, pela linha, uma garrafa de Leyden a partir de um relâmpago. Esse fato serviu para provar que o *fogo elétrico* tinha as mesmas características, fosse produzido por atrito ou provocado por relâmpagos.

Embora mais conhecido por seus trabalhos experimentais, Franklin elaborou também explicações teóricas para os fenômenos que investigava. Concluiu, por exemplo, existir um único tipo de fluido que não poderia ser criado nem destruído, sendo apenas transferido de um corpo a outro. Associou aos corpos eletrizados duas situações distintas. Eles poderiam ser negativos, e nesse caso teriam falta de fluido elétrico, ou positivos, situação em que apresentavam excesso de fluido elétrico. Alguns fenômenos conhecidos da época eram satisfatoriamente explicados pela teoria de Franklin. Outros, no entanto, ficavam sem uma justificativa adequada. Como explicar que os corpos negativos atraíssem corpos neutros se, pela teoria, eles careciam de fluido elétrico?

Assim, teve início uma certa discussão em torno da natureza da eletricidade. Os debates não trouxeram conclusões definitivas, porém, a partir de 1770, muitos filósofos passaram a admitir a existência de dois fluidos elétricos sutis, não passíveis de destruição, apenas com a capacidade de sair de um corpo e se alojar em outro.

6

A NATUREZA SE DESVENDA PELA MATEMÁTICA

No século XVII, Galileu havia defendido que a matemática era a linguagem da natureza e enfatizado a necessidade de se conhecer seus símbolos para compreender efetivamente o mundo que nos cerca. O século XVIII concretizou tal projeto, à medida que os filósofos naturais desenvolveram uma matemática que possibilitou a aplicação de leis gerais a estudos concretos. Nesse caminho, a mecânica newtoniana, por todo o seu sucesso em termos de explicação e correspondência experimental, tornou-se o modelo a ser seguido. Vários matemáticos trabalharam na ampliação da abrangência das leis de Newton, dando-lhes uma formalização inédita. Desenvolveu-se assim, no século XVIII, a geometria analítica e o cálculo infinitesimal.

Entre os matemáticos e filósofos naturais que estiveram envolvidos com esse trabalho, podemos citar: os suíços da família Bernoulli, o prussiano Leonard Euler (1707-83) e os franceses D'Alembert, Lagrange (1736-1813), Condorcet (1743-94), Monge, Laplace (1749-1827), Legendre (1752-1833) e Lazare Carnot. À exceção de D'Alembert, que já havia morrido em 1789, todos os franceses tiveram algum envolvimento na Revolução, com destacada atuação política e administrativa.

O livro de Euler, *Mecânica*, de 1736, foi o primeiro tratado da área em que de modo explícito se resolviam os problemas por processos puramente matemáticos. Para isso, ele precisou fazer acréscimos aos princípios expostos nas leis apresentadas por Newton, além de matematizar o conceito de corpo. Introduziu, então, a idéia de que, em algumas situações, o corpo em estudo poderia ser tratado como um ponto material, ou seja, um ponto matemático isolado, sem dimensões, em que toda a massa estaria concentrada.

Euler também ampliou o conceito de vetor, até então associado apenas a forças aplicadas a corpos em repouso. Com Euler, velocidade e aceleração também passaram a ser consideradas grandezas vetoriais. Desse modo, foram reconhecidas como tal todas as grandezas físicas que ficassem mais bem definidas por meio de um módulo, uma direção e um sentido.

Euler teve grande importância no estabelecimento da mecânica, ao ampliar as aplicações das leis de Newton, analisando matematicamente casos não tratados diretamente na obra daquele filósofo natural. Em um texto escrito em 1747 e publicado em 1749, por exemplo, estudou pela primeira vez um problema envolvendo três corpos com um sistema de equações diferenciais. Já em outro trabalho, de 1758-60, revisou a teoria para corpos extensos, ou seja, aqueles que, possuindo dimensões consideráveis, não poderiam ser tratados como pontos materiais. Criou a noção de centro de massa ou centro de inércia. Com isso, as leis de Newton poderiam ser normalmente aplicadas a um corpo não pontual, desde que se considerasse o movimento do centro de massa igual ao de um ponto material contendo toda a massa e submetido à mesma força resultante do corpo extenso em questão.

D'Alembert fez um projeto distinto do de Euler. Desenvolveu seu trabalho com a perspectiva de construir leis mecânicas sem recorrer ao conceito de força. Essa escolha estava diretamente ligada à sua crença de que este conceito era por demais metafísico. Na verdade, embebido dos ideais iluministas franceses, D'Alembert procurou fundar uma mecânica sobre princípios simples e gerais, sem suposições de causas – de que o conceito de força, segundo ele, estava impregnado. Assim, acabou por formular um preceito, chamado atualmente de "princípio de D'Alembert", em que as três leis de Newton estão reunidas, tratando dos efeitos das ações, e não de suas causas.

Outro matemático francês, Lagrange, criou um novo formalismo para a mecânica newtoniana, a denominada mecânica analítica, que forneceu condições de se aplicarem os fundamentos da mecânica newtoniana a outros ramos da física. A mecânica lagrangeana também negou a utilização de causas finais e princípios metafísicos no estudo dos fenômenos, baseando-se apenas em suas descrições matemáticas. Com isso, transformou a física numa matemática aplicada.

As propostas de D'Alembert e Lagrange inserem-se numa escola filosófica que já vinha se estruturando desde meados do século XVIII: o positivismo. Embora o nome só tenha sido cunhado no século seguinte, diversos filósofos naturais e matemáticos estavam trabalhando na formulação de uma ciência puramente descritiva dos fenômenos, em que as causas não fossem objeto de estudo, visto que sobre elas nada poderia ser comprovado experimentalmente, pois não passariam de especulações filosóficas.

Com o desenvolvimento das ferramentas de análise matemática, o sonho de Galileu se concretizava, pois a mecânica, ou física geral, como também era conhecida, passava a ser trabalhada matematicamente de forma eficiente. Porém, as ciências experimentais, como química, termologia, eletricidade e óptica, ainda estavam muito longe do ideal galileano. Esse fato fez com que um grupo de filósofos naturais franceses elaborasse um projeto que visava dar a essas ciências o mesmo estatuto da mecânica. Para tanto, seria necessário construir leis matemáticas capazes de descrever e prever os fenômenos. Esse projeto foi posteriormente denominado *programa laplaciano*, pelo fato de Laplace exercer uma liderança entre os filósofos que nele trabalharam.

Uma possível confirmação do programa laplaciano

O engenheiro francês Charles Coulomb (1736-1806), que possuía grande conhecimento de matemática e participava ativamente da ciência iluminista na França, realizou estudos pautados na idéia de que a eletricidade era derivada de dois fluidos distintos que agiam à distância um sobre o outro, como dois corpos de massas diferentes de zero. Coulomb construiu experimentos com uma balança de torção para confirmar suas análises.

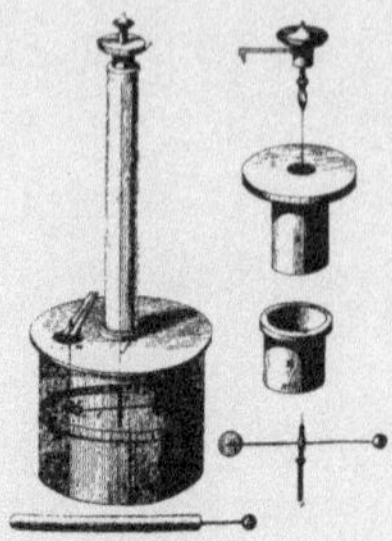

✧ Balança de torção ✧

Coulomb utilizou uma balança similar a esta para analisar a força de repulsão elétrica entre duas cargas. Ele procurava uma função matemática que relacionasse força elétrica com o inverso do quadrado da distância de separação entre as cargas. Essa busca enquadrava-se em pesquisas já realizadas na época a respeito da matematização da força elétrica.

A partir da análise da força de repulsão existente entre duas pequenas esferas carregadas, ele concluiu que a expressão matemática da gravitação $F = K \cdot m_1 \cdot m_2 / r^2$, que descrevia a força entre partículas materiais, também era válida para os casos de atração e repulsão elétrica, desde que as massas fossem substituídas pelas cargas, e a constante fosse apropriada ao fenômeno elétrico. Para Coulomb, a constante era universal, ou melhor, independente do meio no qual as cargas encontravam-se imersas, como no caso da lei da gravitação. Com os seus estudos, Coulomb acreditava igualmente ter mostrado que os fenômenos elétricos e magnéticos eram independentes, gerados pela ação de fluidos elétricos e magnéticos de naturezas distintas.

As conclusões de Coulomb foram plenamente aceitas na França, porém encontraram certa resistência na Inglaterra. Apesar disso, o conhecimento da pertinência da lei do inverso do quadrado da distância para a eletricidade tornava cada vez mais plausível a ampliação das leis da mecânica para todos os fenômenos naturais. Realmente os mecanicistas encontraram no trabalho de Coulomb o estímulo necessário para prosseguir com o desenvolvimento de seu projeto filosófico.

Essa época de sedimentação da análise matemática como linguagem para a física representou também a ascensão da Academia de Ciências de Paris como o local privilegiado para a discussão sobre a validade do conhecimento científico então produzido. Com isso, os acadêmicos começaram a determinar o que era a boa e a má ciência. A análise matemática passou a ser um instrumento de poder sobre os cientistas amadores que não a dominavam.

A utilização da linguagem matemática estava ligada à tentativa de apagar da ciência os vestígios da metafísica. Dessa forma, os membros da Academia tornaram-se os inimigos da superstição e da fé religiosa, justificando assim a autoridade da ciência.

A partir de 1785, sendo Condorcet secretário da Academia, passou a existir uma estreita relação entre ciência e Estado. Os homens de ciência começaram a ser valorizados pelo Estado, o que constituía outra forma de controle e rejeição dos cientistas amadores. A Academia sentia-se capaz de separar talento de falsa inspiração, e verdade de erro. A cientificidade tornou-se critério para a legitimação da autoridade política.

Nesse processo, o químico Antoine Lavoisier (1743-94) teve uma participação especial. Ele foi responsável, na reforma da Academia, pela manutenção do número de cadeiras ali disponíveis, rechaçando todo candidato que não apresentasse trabalhos dentro do novo critério de racionalidade propagado pelos ideais iluministas.

A história de Lavoisier é bastante peculiar. Filho de advogado, seguiu os estudos de direito e participou da Ferme Générale, instituição privada francesa que recebia do rei a incumbência de cobrar impostos em troca de comissões.

O interesse de Lavoisier pelos temas científicos começou cedo. Ele cursou em Paris o Colégio Mazarin, também chamado Colégio das Quatro Nações, onde o ensino das ciências e da matemática tinha destaque incomum em comparação às escolas da época. Isso fez com que, ao entrar para a faculdade de direito, Lavoisier não abandonasse seus estudos científicos. Aos 26 anos ingressou na Academia de Ciências.

✧ O CASAL LAVOISIER POR JACQUES-LOUIS DAVID ✧

Lavoisier casou-se com a jovem Marie-Anne, que participou intensamente de sua carreira científica. Como estudara gravura com Jacques-Louis David, ela era a responsável pelas ilustrações das obras do marido. Auxiliava-o também na realização dos experimentos e na tradução de textos em inglês.

Senhor Lavoisier e sua esposa,
Jacques Louis David

Lavoisier teve fim trágico, sendo decapitado em 1794, junto com outros 27 coletores de impostos acusados de extorquir dinheiro do povo na cobrança de taxas. Quando a sentença final foi proferida, ele já deixara o posto na Ferme Générale há três anos. O processo de condenação de Lavoisier esteve também de alguma forma relacionado à sua participação na Academia de Ciências, sobretudo à reforma da instituição no período que antecedeu a Revolução Francesa.

A química adquire o estatuto de ciência geral

Lavoisier e Coulomb faziam parte do grupo de filósofos naturais que desejava transformar as ciências particulares em ciências gerais, nos moldes do programa laplaciano. Lavoisier dedicou-se então aos estudos de química com o objetivo claro de construir uma base teórica para esta ciência que apagasse seus fundamentos metafísicos, afastando qualquer vestígio do passado mágico e alquímico.

Nessa busca, realizou investigações experimentais com um olhar distinto dos que trabalhavam com a química na época. Toda pesquisa experimental que implementava tinha por propósito realizar medidas quantitativas precisas.

O belga Jan Baptist van Helmont (1577-1644) realizou, no século XVII, experimentos nos quais verificara que, após regar uma árvore apenas com água pura da chuva, esta havia aumentado de peso, sem que a quantidade de terra tivesse diminuído. Concluiu que, durante a evaporação, a água da chuva transformara-se em terra. Na época, essa teoria era confirmada também por observações realizadas durante o processo de vaporização da água, uma vez que se registrara o surgimento de resíduos em recipientes utilizados para ferver uma certa quantidade do líquido durante muitos dias.

Lavoisier, que rejeitava a explicação, realizou o mesmo experimento com um novo olhar. Para entender de onde viera o resíduo, pesou tanto a água quanto o recipiente antes e depois do processo de vaporização. Concluiu assim que o recipiente perdia massa ao longo do processo, sendo a desintegração do vidro a verdadeira responsável pelo resíduo acumulado.

Pesar substâncias e investigar elementos foi prática recorrente das pesquisas de Lavoisier. Seu método de investigação em química relacionava-se diretamente à sua prática na Ferme Générale: contar e medir com precisão tudo que entrava e tudo que saía, para comprovar que nada se perdera. No caso particular das investigações científicas, durante o experimento, matéria alguma poderia se perder. Esse método foi empregado com muito rigor no estudo dos processos de calcinação e combustão, assuntos aos quais Lavoisier dedicou grande interesse. Os motivos para essa atenção foram muitos. Primeiro, era um tema bastante valorizado no contexto da época. Depois, o desenvolvimento industrial inglês tinha levado aos franceses o conhecimento dos trabalhos em pneumática realizados por Black, Priestley e outros.

A descoberta do oxigênio

No início do século XVIII, Claude Joseph Geoffroy (1685-1752) e Wilhelm Homberg (1652-1715) haviam analisado o aquecimento a altas temperaturas de antimônio, chumbo e mercúrio, ou seja, a calcinação desses metais, verificando um efetivo aumento de massa durante a calcinação.

Os estudos experimentais envolvendo calcinação e combustão eram intensos, na época, e a explicação desses fenômenos se fazia pela antiga teoria do flogisto. Por rejeitar as premissas do trabalho de Stahl, Lavoisier considerou que a calcinação e a combustão eram problemas ainda não resolvidos, e que, para solucioná-los, cabia identificar os diferentes ares. Para começar seu trabalho considerou válida a tese de que, em condições apropriadas, as substâncias poderiam se vaporizar, sendo este apenas um estado especial da matéria.

No ano de 1774, surgiram na França alguns outros trabalhos importantes para o desenvolvimento do tema, e percebeu-se a possibilidade de obter mercúrio a partir do óxido de mercúrio, sem uso de carvão. Esses resultados colocavam um problema claro à teoria do flogisto: como explicar a redução da cal ao mercúrio sem carvão se, pela teoria aceita, o metal só surgiria com a adição do flogisto liberado pelo carvão?

Também em 1774, sem conhecer os resultados franceses, o inglês Priestley obteve mercúrio produzindo o aquecimento por meio de lentes. Apesar da semelhança de resultados, as preocupações dos franceses eram distintas das de Priestley. Enquanto os primeiros se dedicavam a investigar a possibilidade do experimento sem a presença de carvão, Priestley se concentrava na análise do gás liberado naquele processo, e seus trabalhos indicaram ser este gás diferente do ar fixo. Como trabalhara com o ar nitroso, pensou se tratar deste ar. A continuação dos trabalhos de Priestley, contudo, mostrou que havia diferenças. Experiências que realizou com camundongos e consigo próprio indicaram-lhe que aquele ar tinha o poder de sustentar a vida. Assim, distinguiu-o de outros ares, dando-lhe o nome de ar deflogisticado, uma vez que ele parecia liberar flogisto.

Lavoisier tinha um ótimo relacionamento no meio acadêmico, pois conhecia muitos dos trabalhos desenvolvidos no continente europeu, além de participar – seja pela avaliação dos trabalhos apresentados à Academia, seja pela colaboração com outros filósofos naturais – dos questionamentos e respostas dadas aos novos problemas de química na França. Em 1772, por exemplo, o suíço Carl Wilhem Scheele (1742-86) percebera que o dióxido de manganês, quando aquecido, liberava um certo tipo de gás. Em outros trabalhos verificou que o aquecimento de algumas outras substâncias – hoje denominadas óxido de mercúrio, carbonato de prata, nitrato de magnésio e nitrato de potássio – produziam o mesmo tipo de ar coletado anteriormente. Esse ar, hoje conhecido como oxigênio, foi denominado por Scheele *ar de fogo*, porque, entre outras características, quando em contato com uma brasa, queimava até se consumir completamente. Scheele percebera também que nesse gás isolado era possível um animal viver e uma vela se manter acesa. Numa carta, na qual sugerira que Lavoisier realizasse experimentos com carbonato de prata, aquecendo-o com lentes, comunicou seus resultados. Lavoisier não respondeu a missiva, que só foi encontrada no século XIX.

Lavoisier teve contato com os trabalhos de Priestley. Nesse caso, contudo, a situação foi um pouco diferente. Ele encontrou o inglês em Paris, mas naquele momento Priestley ainda não reconhecera a total distinção entre o chamado ar deflogisticado e o ar nitroso.

A par da situação da ciência de seu tempo, Lavoisier lançou-se então ao estudo do óxido de mercúrio e mostrou que, quando a reação de redução se dava por aquecimento produzido por carvão, o processo liberava um gás diferente daquele em que o aquecimento ocorria por meio de lentes.

Em 1775, apresentou à Academia os resultados de seus estudos. Defendeu, naquele momento, que o ar atmosférico se combinava com o metal durante a calcinação, e que também era este o ar que se produzia na redução dos óxidos metálicos, sem adição do carvão. Com o prosseguimento de seus trabalhos, Lavoisier percebeu um erro. Aquele não era o ar atmosférico, mas um ar com características muito especiais, um elemento capaz de manter a vida. Num primeiro momento, deu a ele o nome de "ar eminentemente respirável". Este era o ar de fogo, de Scheele, e o ar deflogisticado, de Priestley.

Hoje usamos o nome que Lavoisier lhe deu: oxigênio. A forma como os episódios se desenvolveram faz com que alguns historiadores da ciência atribuam ora a Priestley, ora a Lavoisier e ora a Scheele a primazia da descoberta do oxigênio. Scheele isolou um ar que reconheceu efetivamente como diferente do ar atmosférico. Priestley também o fizera, sem conhecimento prévio do trabalho de Scheele. Porém, não podemos deixar de admitir que foi Lavoisier quem identificou o grande papel desse gás na calcinação dos metais. A controvérsia está em aberto, e talvez não haja um vencedor.

A decomposição da água

Na seqüência de suas investigações, Lavoisier concluiu, em 1777, que 4/5 do ar que respiramos estariam no estado de mofeta (nome dado na época ao gás não-respirável), incapaz de manter a respiração dos animais. Somente 1/5 do volume de ar da atmosfera seria respirável. Assim, definitivamente, o ar se apresentava como um composto, sendo a respiração e a combustão frutos apenas de uma parte dele.

Explicar a combustão sem referência à teoria do flogisto era algo fundamental ao projeto de Lavoisier. Logo ele defendeu que esse processo resultava de uma afinidade entre a base do ar, ou o ar puro, e a matéria do fogo. A combustão manifestaria a separação do ar puro do ar atmosférico e sua fixação na matéria do fogo, que reapareceria com suas propriedades específicas: calor e luz. Ao trabalhar com a combustão do ar inflamável, que hoje denominamos hidrogênio, Lavoisier deparou com um problema para sua teoria. Nela estava previsto um produto final em qualquer processo de combustão. Porém, nas experimentações com a combustão daquele ar, não se detectava produto algum. Confirmava-se assim a teoria vigente, segundo a qual o flogisto se dissiparia completamente no ar sem nada produzir.

Em 1781, o problema começou a assumir novo aspecto. Cavendish, apoiado em alguns experimentos de Priestley, verificou a formação de água pura a partir da combinação de gases. Ele demorou a publicar seus resultados, pois, junto com a água, verificara também a formação de um ácido nítrico que não conseguia a princípio explicar. Um assistente seu, numa visita a Paris, comunicou aqueles resultados a Lavoisier. Quando o químico francês tomou conhecimento desse experimento, percebeu que seu problema original poderia ser resolvido. Refez então os processos e mostrou que havia um produto final da combustão do ar inflamável, o vapor d'água. Em seguida, sem

✧ A IMPORTÂNCIA DA OBTENÇÃO DO HIDROGÊNIO ✧

Quando os primeiros balões foram apresentados à comunidade parisiense, tornou-se premente definir a técnica de obtenção do hidrogênio. Lavoisier desenvolveu trabalhos com o intuito de resolver o problema, tomando como referência os experimentos realizados com a decomposição da água.

grandes referências a Cavendish, mostrou à Academia a possibilidade de se produzir água pura a partir da combinação de ar inflamável e ar eminentemente respirável, e defendeu assim a idéia de que a água, como o ar, não era um elemento puro.

A reforma da nomenclatura

Em meados do século XVIII, a química usava para designar as substâncias nomes adotados há muito tempo pelos alquimistas: espírito do vinho, açafrão de marte, espírito de vitríolo, entre outros. A reforma dos conhecimentos empreendida pelo movimento iluminista compreendia também a linguagem, visto que se reconhecia que esta representava não apenas um conjunto de símbolos, mas também um modo de raciocínio. Assim, encontrar uma nova linguagem clara e objetiva significava alcançar um raciocínio correto.

Lavoisier, que tinha o propósito de dar à química o estatuto de uma ciência objetiva, dedicou-se à criação de novos termos para designar os elementos químicos. Junto com Claude Bertholet (1748-1822), Antoine Fourcroy (1755-1809) e Louis Guyton de Morveau (1737-1816), decidiu produzir uma revolução radical na nomenclatura adotada pelos químicos e, assim, instaurar a química da razão. Nomes simples deveriam ser associados a substâncias simples; nomes compostos, a substâncias compostas; e nomes arbitrários, àquelas substâncias desconhecidas.

Os estudos que realizou sobre a acidez levaram-no a concluir que o ar eminentemente respirável, importantíssimo nos processos de combustão e calcinação, era também o princípio formador de ácidos. Assim, o nome mais apropriado para esse gás, uma substância simples, seria oxigênio, que significa "formador de ácido". O ar inflamável também recebeu nome mais apropriado, hidrogênio, que quer dizer "formador da água". A lógica para atribuir nomes a substâncias compostas obedecia a um sistema simples. A terminação *eto* deveria estar associada aos compostos que não possuíam oxigênio, e as desinências *ico* e *oso*, aos ácidos. Nesses casos, seria usada uma ou outra terminação, de acordo com a quantidade de oxigênio presente no ácido.

A nomenclatura criada em 1787 por Lavoisier e seus companheiros foi publicada com o título de *Método de nomenclatura em química*. O projeto do grupo era associar a adoção da nova nomenclatura ao arcabouço teórico da química de Lavoisier. Para eles, mostrava-se importante indicar pela linguagem os caminhos para uma nova forma de raciocínio.

Lavoisier, junto com outros filósofos naturais envolvidos no processo de estabelecimento de uma nova química, criou uma revista científica denominada *Anais de Química*, distribuída tanto na França como na Inglaterra. A proposta da publicação era que todos os interessados em ter um trabalho reconhecido deveriam submeter suas análises aos editores da revista para divulgação junto aos pares. Os criadores do projeto desejavam que os químicos admitissem que os bons trabalhos eram aqueles publicados nos *Anais*, e que, portanto, os editores da revista eram os mais indicados para diferenciar a boa e a má química.

Para completar seu projeto de reforma absoluta da química, Lavoisier escreveu sua maior obra, *Tratado elementar de química*. Nessa publicação, expunha o que julgava ser a base do novo

✧ A nova nomenclatura ✧

Esta tabela associa os nomes usados então pelos químicos por aqueles propostos pela comissão da academia francesa. A luz aparece como uma substância simples; o mesmo vale para o calórico.

	Noms nouveaux.	*Noms anciens correſpondans.*
Subſtances ſimples qui appartiennent aux trois règnes & qu'on peut regarder comme les élémens des corps.	Lumière	Lumière.
	Calorique	Chaleur. Principe de la chaleur. Fluide igné. Feu. Matière du feu & de la chaleur.
	Oxygène	Air déphlogiſtiqué. Air empiréal. Air vital. Baſe de l'air vital.
	Azote	Gaz phlogiſtiqué. Mofete. Baſe de la mofete.
	Hydrogène	Gaz inflammable. Baſe du gaz inflammable.
Subſtances ſimples non métalliques oxidables & acidifiables.	Soufre	Soufre.
	Phoſphore	Phoſphore.
	Carbone	Charbon pur.
	Radical muriatique	Inconnu.
	Radical fluorique	Inconnu.
	Radical boracique	Inconnu.
Subſtances ſimples métalliques oxidables & acidifiables.	Antimoine	Antimoine.
	Argent	Argent.
	Arſenic	Arſenic.
	Biſmuth	Biſmuth.
	Cobolt	Cobolt.
	Cuivre	Cuivre.
	Etain	Etain.
	Fer	Fer.
	Manganèſe	Manganèſe.
	Mercure	Mercure.
	Molybdène	Molybdène.
	Nickel	Nickel.
	Or	Or.
	Platine	Platine.
	Plomb	Plomb.
	Tungſtène	Tungſtène.
	Zinc	Zinc.
Subſtances ſimples ſalifiables terreuſes.	Chaux	Terre calcaire, chaux.
	Magnéſie	Magnéſie, baſe du ſel d'Epſom.
	Baryte	Barote, terre peſante.
	Alumine	Argile, terre de l'alun, baſe de l'alun.
	Silice	Terre ſiliceuſe, terre vitrifiable.

saber. Apresentou, assim, tanto a nova nomenclatura quanto os métodos que deveriam ser seguidos por todos aqueles que desejassem construir uma verdadeira ciência. Ao indicar uma nova metodologia, Lavoisier tinha a clara pretensão de mostrar às futuras gerações que os antigos manuais alquímicos deveriam ser esquecidos. Cabia abolir todo o passado, pois a história da química se iniciava ali.

A figura de Lavoisier foi polêmica não apenas no seu tempo. Os historiadores se confrontam com ela em muitos momentos, seja quando pretendem encontrar o homem que descobriu o oxigênio, seja quando querem indicar o pai da disciplina. Teria a química moderna nascido com Lavoisier? Ou as bases dessa nova química já estavam lançadas em seu tempo, e ele representou apenas um catalisador, aquele capaz de reconhecer as possibilidades de uma nova ciência?

Essas questões permanecem abertas, e respondê-las implica discutir filosoficamente a ciência e seu processo de construção. Talvez por isso seja impossível fixar um ponto final.

7

LUZES SOBRE O ESTUDO DA VIDA

No início do século XVIII ainda não havia uma biologia – um estudo da vida – institucionalizada. Existiam áreas como a história natural, a botânica e a zoologia, que possuíam alguma independência. Os seres vivos eram estudados invariavelmente por médicos, que tinham como principal objeto de investigação o corpo humano e, apenas secundariamente, se dedicavam aos estudos sobre os outros animais e os vegetais. Alguns desses trabalhos, como os de botânica, objetivavam a fabricação de substâncias curativas, os remédios.

Os estudos de história natural restringiam-se à observação e catalogação dos seres vivos, além de descrições da crosta terrestre. Não havia uma preocupação com a compreensão das causas dos fenômenos naturais, e eles limitavam-se apenas à sua descrição. Um interessante exemplo sobre a forma como era vista a história natural no século XVIII pode ser encontrada na Enciclopédia. Para a construção dessa imensa obra, os saberes tiveram de ser classificados em três áreas: os pertencentes à memória, à razão e à imaginação. A história natural encontrava-se alinhada aos saberes da memória, enquanto anatomia, zoologia, botânica e mineralogia localizavam-se no campo da razão. Dessa forma, segundo o olhar iluminista, a história natural resumia-se ao acúmulo e catalogação de observações.

Ao longo do século, contudo, algumas questões começaram a surgir neste cenário, apontando para a necessidade da junção dessas áreas. A construção de um estudo da vida, de uma biologia como ciência autônoma, foi um processo lento e gradual ocorrido a partir do século XVIII e consolidado somente no século XX.

A geração dos seres

Um dos problemas cruciais que exigiram a unificação dos estudos da vida foi o da geração dos seres. Dois modelos antagônicos se opunham, provocando debates que atravessaram o século.

O primeiro modelo era o do pré-formismo, defensor da idéia de que todos os seres haviam se formado no início dos tempos. Deus, ao criar os primeiros seres vivos, colocara neles as matrizes de todos os outros que viriam a se constituir posteriormente. Cada geração poderia criar as condições para que alguns se desenvolvessem e transmitissem às gerações futuras essas matrizes ainda em estado de pré-formação.

O segundo modelo era o da epigênesis, que preconizava o surgimento de seres vivos a partir da própria matéria inerte, por meio da ação de um princípio vital ou pela existência de partículas orgânicas que seriam capazes de se agrupar. No início, a tese da geração espontânea foi a mais aceita. Mais tarde o modelo foi se modificando, adaptando as informações que surgiam a partir dos experimentos.

• *O pré-formismo*

A primeira geração de filósofos naturais pré-formistas desenvolveu suas teses entre a segunda metade do século XVII e a primeira do século XVIII. Suas teses ganharam força a partir do duro golpe dado por Francesco Redi (1626-98) na idéia de geração espontânea. Ao mostrar, ainda no século XVII, a impossibilidade do surgimento de seres vivos a partir de corpos em putrefação,[1] considerada uma das evidências do surgimento da vida a partir da matéria inanimada, Redi acabou por incentivar a idéia de que a vida já deveria existir pré-formada. Entretanto, os defensores da geração espontânea ainda acreditavam poder encontrar evidências microscópicas de criação da vida pela ação de um princípio vital.

Os adeptos do pré-formismo dividiam-se em duas correntes. A primeira, denominada *ovista*, fundamentava-se na idéia do médico William Harvey (1578-1657) de que tudo nasce do ovo (*ex ovo omnia*). Em seu livro *De generatione animalium*, Harvey defendia a idéia de que não só os animais conhecidos como ovíparos provinham de ovos. Os vivíparos também, considerando que os ovários e os casulos eram ovos. Como bom aristotélico, o médico britânico acreditava que os seres já existiam em potência no ovo, sendo o seu desenvolvimento a transformação de potência em ato. Assim, o ser vivo surgiria na forma como o conhecemos.

O pré-formismo-ovista apropriava-se de parte das idéias de Harvey, postulando que todos os seres já existiriam pré-for-

---

[1] Ver o Experimento de Redi no volume 2 desta coleção, *Das máquinas do mundo ao Universo-máquina*.

mados nos ovos, devendo apenas se desenvolver a partir de um determinado momento. Para seus adeptos, Deus, no momento da criação, havia colocado, nos primeiros seres vivos, germes que seriam transmitidos às demais gerações. Esses germes estariam encapsulados nos ovos da fêmea. Cada embrião que se desenvolvesse levaria consigo os germes que permitiriam o desenvolvimento dos futuros seres. Esse modelo se adequava bem à imagem de natureza mecanicista deísta, uma vez que se podia pensar no surgimento da vida apenas no princípio dos tempos. A primeira mulher (a Eva bíblica) deveria ter em si os germes de todas as futuras gerações. A idéia do encapsulamento de cada ser nos seus antecessores, numa progressão infinita, estava bem ao gosto do pensamento matemático da época, em que a noção de infinitésimo era aplicada em diversas áreas.

Ao longo do século XVIII, vários pré-formistas-ovistas investigaram os ovários de fêmeas de animais de variadas espécies sem nunca encontrar os germes.

A segunda corrente pré-formista foi elaborada por um fabricante de lentes holandês que, apesar de não possuir formação acadêmica, realizou um conjunto de observações fundamentais para a história natural em fins do século XVII. Antony van Leeuwenhoek (1632-1723) tornou-se um dos primeiros investigadores a observar, em 1674, pequenos seres vivos (protozoários) que se moviam com grande agilidade numa gota d'água retirada de um lago próximo à sua cidade natal, Delft. O fato foi imediatamente comunicado por ele à Royal Society. Em 1679, Leeuwenhoek fez novo comunicado à Royal Society no qual narrava a observação de outros pequenos animais no sêmen masculino. Ele acreditava que esses minúsculos animais poderiam ser miniaturas de seres humanos. Vários outros microscopistas também observaram o esperma e acreditaram identificar cabeças, troncos e membros. Surgiu assim a tese de que na realidade os seres não estariam pré-formados nos ovos, mas no sêmen masculino. O óvulo daria apenas abrigo para seu desenvolvimento. Somente no século XIX esses minúsculos seres, que se movimentavam com grande rapidez, foram denominados espermatozóides, que significa "animal na semente". Essa corrente de pensamento que atribuía ao macho, e não à fêmea, o abrigo dos seres, ficou conhecida como *pré-formista-espermista* ou *pré-formista-animalculista.*

O francês Nicolas Andry (1658-1725), que dividiu com Leeuwenhoek a primazia de ter observado os espermatozóides, chegou a formular uma tese mecânica para a fecundação. Segundo ele, os óvulos femininos possuíam uma abertura com uma válvula por onde o espermatozóide podia passar. Ao penetrar no óvulo, a válvula se fecharia imediatamente, não permitindo que nada mais entrasse. Essa tese servia de explicação para algumas deformações congênitas então observadas. Acreditava-se que havia a possibilidade de casualmente dois espermatozóides entrarem pela válvula antes do fechamento. Eles lutariam pela vida no interior do óvulo e um deles venceria, podendo nisso perder uma perna ou um braço, o que justificava o aparecimento das deformações de nascença.

A tese pré-formista-espermista gerou um grande problema para os mecanicistas da época. Leeuwenhoek observara que, numa pequena gota de esperma, havia uma quantidade enorme de animaizinhos segundo ele comparáveis aos seres humanos existentes na Terra. Como somente um único animal

✧ Os seres pré-formados de Leeuwenhoek ✧

Espermatozóides do coelho, do cachorro, do carneiro e do galo como foram descritos por Leeuwenhoek, e esboço de como os filósofos naturais imaginavam os animúnculos pré-formados no espermatozóide.

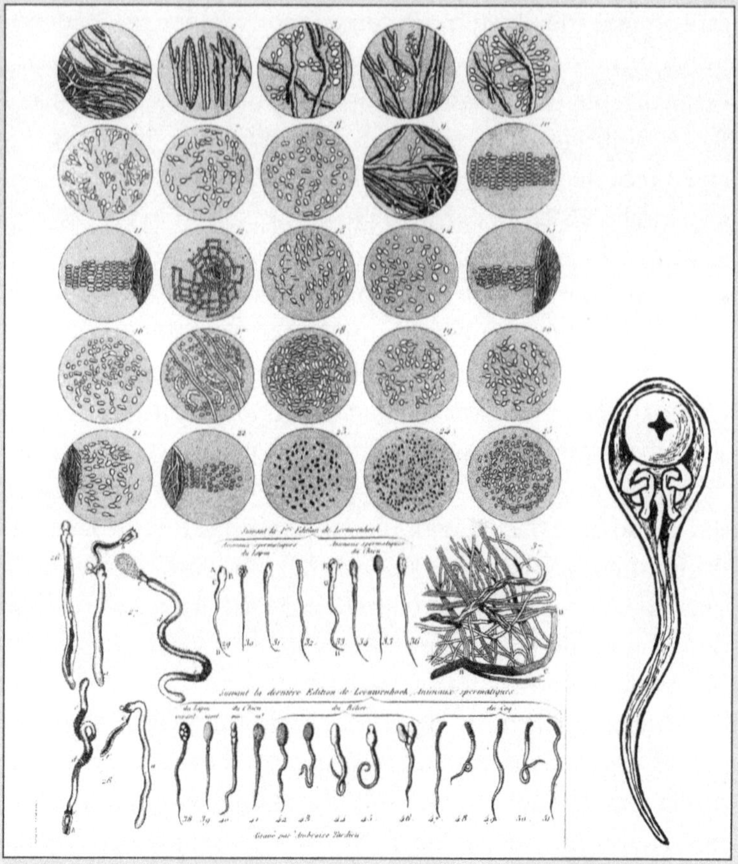

fecundava o óvulo, perdiam-se todos os outros. Como explicar, dentro da visão de um Universo criado por Deus de forma harmônica, esse desperdício de vidas?

Apesar desses problemas, os pré-formistas do início do século XVIII continuavam a defender uma imagem de natureza mecanicista deísta. Não havia espaço para as crenças de que a vida pudesse surgir do nada, pois na natureza só existiriam corpos interagindo por meio de forças mecânicas. A vida já estaria pronta desde o momento da criação, devendo apenas se desenvolver.

- *A epigênesis*

Embora o experimento de Francesco Redi tenha diminuído a confiança na tese da geração espontânea, continuaram a existir defensores da idéia de que a vida poderia surgir por meio de um processo de organização da matéria. Alguns dos filósofos naturais baseavam suas convicções na junção de diversas doutrinas, desde as concepções estóicas sobre a matéria, surgidas na Antigüidade, até a teoria das mônadas, de Leibniz.

Os defensores da epigênesis acreditavam que a matéria era formada por partículas que possuíam atividade intrínseca. Dessa forma, tais partículas poderiam conter em si um princípio vital. Por negarem radicalmente a idéia de uma matéria inerte, os defensores da epigênesis possuíam, em meados do século, uma forte influência vitalista. Mais tarde começaram a dialogar com a *Naturphilosophie*.

As teorias epigenéticas partiam do princípio de que existiam unidades fundamentais da vida, e que estas poderiam se

✧ Mônadas ✧

Leibniz criou em 1714 um conceito que implicava a suposição da existência de unidades fundamentais de tudo-o-que-existe. Denominou-as mônadas, considerando-as os átomos da natureza. As mônadas não têm extensão, sendo totalmente autônomas. Não são dotadas de janelas, não possuindo, com isso, qualquer comunicação umas com as outras. Cada mônada conteria em si toda a finalidade dada pelo criador. A mônada conferia ao mecanicismo de Leibniz um diferencial em relação ao de Descartes, que imaginava toda matéria inerte. No estudo dos seres vivos, a mônada seria responsável pela vitalidade, isto é, conteria o princípio vital.

combinar formando um ser vivo complexo. A seu favor havia algumas evidências que contrariavam a tese da pré-formação.

O naturalista Abraham Tembley (1710-84) observara que as hidras possuíam capacidade de regeneração. Ao cortá-las em duas partes, cada uma delas se regenerava, formando dois seres distintos. Como explicar tal fato com o modelo da pré-formação? Estariam os dois seres já pré-formados em cada parte cortada? Também já se conhecia o fenômeno da hibridização, principalmente aquele em que se obtinha a mula, forma híbrida do cavalo com o burro. Esse processo também não podia ser explicado pela teoria do pré-formismo, pois os híbridos possuíam características tanto do pai como da mãe. Os estudos nessa área se intensificaram, porque se acreditava estar aí a chave para a compreensão do processo de geração dos seres.

Em 1760, o naturalista Joseph Gottlieb Kölreuter (1733-1806) executou uma série de experimentos com milhares de plantas, conseguindo produzir hibridizações. Afirmou ter encontrado a primeira mula botânica produzida pelo homem. As plantas híbridas eram em sua maioria estéreis, assim como a mula. No entanto, ele percebeu que algumas delas podiam procriar quando cruzadas com um dos seres originais, não-híbrido, obtendo uma segunda geração de híbridos. Kölreuter acreditava na existência de espécies fixas, e seus experimentos buscavam compreender como ocorria a dissolução da harmonia existente na natureza. Apesar de postular, como os defensores da epigênesis, que o novo ser havia se formado por partículas do macho e da fêmea, ele acreditava que o processo não ocorreria de forma natural, pois fora induzido pelo homem.

Pierre-Louis de Maupertuis – o filósofo francês que além de estudar física e astronomia também se interessou pela história natural – concentrou-se no problema da hibridização dos animais e posteriormente voltou-se para os casos de anomalias congênitas. Impressionado com a exibição de um albino negro em Paris, em 1743, procurou estudar diversos casos de anomalia entre animais domésticos e seres humanos. Seus trabalhos levaram-no a concordar com Kölreuter no que se referia à formação dos seres. Maupertuis passou a defender que o embrião era formado por partículas provenientes do macho e da fêmea. Para ele, a fertilização funcionava como um processo químico idêntico ao da formação dos cristais, em que um ácido se unia a um álcalis. As partículas vindas do macho e da fêmea se organizavam para formar o embrião graças a uma memória de posição que cada uma delas possuiria.

O maior defensor da tese epigenética, entretanto, foi o naturalista francês George Louis Buffon (1707-88). Membro da

Academia de Ciências e na direção do Jardim do Rei – o jardim botânico de Paris, que mais tarde incorporou a zoologia e se transformou no Museu de História Natural –, escreveu uma obra monumental denominada *Histoire naturelle*, editada em vários volumes entre 1749 e 1779. Nela abordava a quase totalidade dos problemas discutidos na época. Dentre eles estava a questão da geração dos seres.

Além de defensor do newtonianismo na França, Buffon também era deísta. Ao construir um modelo epigenético semelhante ao de Maupertuis, tomou por base alguns dos princípios da física newtoniana associada à teoria das mônadas de Leibniz. Para Buffon, os seres vivos eram gerados pela organização de *moléculas orgânicas*. Estas seriam partículas de matéria que se diferenciavam das demais por conter um princípio vital. O termo molécula não tinha o mesmo significado daquele hoje utilizado nos estudos da matéria. Ele designava a menor parte componente da vida. Uma molécula orgânica não seria um ser vivo, mas apenas conteria a possibilidade de formar um ser vivo, quando combinada a outras.

Buffon acreditava que as moléculas orgânicas sairiam do macho e da fêmea na formação do embrião. Elas não se organizariam por possuírem uma memória de posição, como acreditava Maupertuis, mas pela existência, no macho e na fêmea, daquilo que denominou *matriz interior*. Essa matriz seria uma espécie de molde ou forma que guiaria a organização das moléculas orgânicas por meio de forças newtonianas, semelhantes às da gravitação.

A *matriz interior* não daria as características específicas dos seres vivos, apenas definiria a família à qual eles pertenceriam, sendo transmitida de geração em geração. Para Buffon, de uma única *matriz interior* poderiam surgir vários indivíduos. Ele não acreditava em espécies, defendendo que cada ser é único. Portanto, só existiriam indivíduos. A diversidade surgiria a partir de um processo de degeneração produzido por adaptações ao meio ambiente dos seres gerados de uma mesma matriz. Com essa concepção Buffon procurava resolver o problema que incomodava os naturalistas que tentavam construir sistemas de classificação. A cada dia surgiam novos seres vivos, trazidos de diversas partes do mundo, com características que não se enquadravam nas espécies já catalogadas. Como se acreditava na época que as espécies eram fixas, isso constituía um problema.

✧ Matriz e degenerações de Buffon ✧

Buffon acreditava que, a partir de uma única matriz, foram gerados diversos felinos. Cada um deles era considerado uma degeneração produzida pelo ambiente em que viviam.

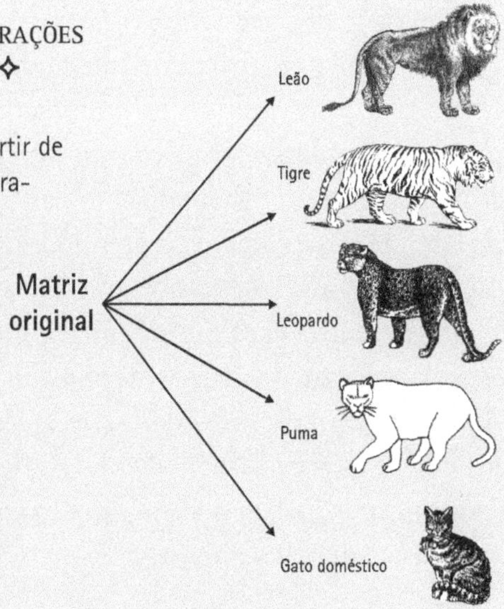

A idéia de uma matriz fixa, sendo os indivíduos degenerações, tornava mais simples a compreensão da diversidade.

No modelo construído por Buffon, as moléculas orgânicas haviam sido criadas no início dos tempos e jamais eram destruídas. Quando os seres vivos morriam, essas moléculas se decompunham, passando a fazer parte da natureza de forma isolada e podendo ser reabsorvidas por outros seres vivos pelo processo de alimentação. Durante a infância, as moléculas orgânicas serviriam ao desenvolvimento do corpo. Como na puberdade a taxa de crescimento dos indivíduos diminuía até cessar completamente, Buffon interpretava isso dizendo que existia um excesso de moléculas orgânicas no corpo adulto. Argumentava, ainda, que esse excesso passaria a ser armazenado nos órgãos genitais, com a finalidade de dar aos seres vivos a possibilidade de procriação.

Buffon não era um experimentador. Seus estudos relacionavam-se à observação e à formulação teórica baseadas naquilo que outros realizavam no campo experimental. Dessa forma, ele mantinha estreito contato com naturalistas que trabalhavam em laboratórios, como o reverendo John Turberville Needham (1713-81). Buffon acreditava que alguns animais microscópicos, observados em caldos de carne e frango, poderiam ter sido gerados a partir de grupos de moléculas orgânicas remanescentes da decomposição da carne e do frango. A partir dessa hipótese, e em concordância com Buffon, Needham desenvolveu um experimento no qual procurava comprovar a geração espontânea de seres microscópicos.

✧ EXPERIMENTO – *A geração dos seres segundo Needham*

Em 1748, Needham realizou uma série de experimentos que tinham por objetivo comprovar a geração espontânea. Em seu relato, afirmava:

"Peguei uma quantidade de caldo de carne de carneiro quente e coloquei-a num pequeno frasco, que foi tapado com uma rolha bem presa ao bocal, de forma a ficar hermeticamente fechado, sendo em seguida selado. Assim, eu havia excluído todo o ar para o exterior, de forma que não se pudesse dizer que os corpos em movimento observados tivessem sua origem em insetos ou ovos flutuando no ar atmosférico. Da mesma forma, não permiti a introdução de qualquer água que não fosse aquecida com intenso grau de calor, com medo que se pensasse que minha produção viesse por meio desse elemento. ... A vida brotou em meu recipiente."

(Needham, *New discoveries made with the microscope*, 1748)

• *A resposta dos pré-formistas*

Por volta de 1760 surgiu a segunda geração de filósofos pré-formistas. Eles não só continuaram defendendo sua tese, como não aceitaram as conclusões experimentais de Needham e Buffon. As observações da regeneração da hidra e da hibridização de plantas e animais apenas os levaram a modificar aspectos da tese original. O pré-formismo já não era exatamente igual ao dos primeiros anos do século XVIII. O maior representante da segunda geração foi o naturalista suíço Charles Bonnet (1720-93). Nos primeiros anos de estudos, Bonnet trabalhava experimentalmente, fazendo observações com microscópios, o que o levou a descobrir o fenômeno da partenogênese – geração de seres pela fêmea sem a intervenção do macho – em insetos.

Mais tarde começou a ter problemas de visão e passou a trabalhar em estudos de cunho mais teórico.

Em 1764 Bonnet publicou um livro denominado *Contemplação da natureza*, em que apresentou seu modelo pré-formista. Ele não acreditava que a matéria pudesse gerar organização somente pela ação de forças newtonianas. Logo, deveria existir a pré-formação de estruturas que apenas se desenvolveriam no processo de geração dos seres vivos. A essas estruturas deu o nome de germes. O germe de um homem, de um gato ou de um cavalo seria um ser miniaturizado que conteria características de sua espécie, não possuindo informações de um determinado homem, gato ou cavalo.

Como os estudos iniciais de Bonnet sobre a partenogênese indicavam que a fêmea possuía a chave da geração, ele passou a defender que o encapsulamento dos germes estaria no óvulo. As peculiaridades individuais seriam adquiridas ao longo da fecundação, com a participação do esperma. Com isso Bonnet resolvia os problemas iniciais apontados pelos defensores da epigênesis em relação aos modelos pré-formistas do início do século.

Ao ficar impossibilitado de continuar suas investigações experimentais, Bonnet aliou-se a um padre italiano, Lazzaro Spallanzani (1729-99), que havia se tornado um bom experimentador e compartilhava de suas teses pré-formistas. Nenhum dos dois acreditava na tese da geração espontânea e, por conseqüência, nas conclusões de Needham. Juntos analisaram o processo experimental de Needham, e Spallanzani passou a desenvolver experimentos com o objetivo de mostrar os erros metodológicos daquele processo.

EXPERIMENTO – *Spallanzani contraria Needham e Buffon*

Spallanzani repetiu os experimentos de Needham e verificou os erros metodológicos. Na comunicação de seus resultados, escreveu:

"Nos recipientes hermeticamente fechados (de Needham), ficou entendido que o ar existente no interior não havia sido exposto ao calor. Nunca estaremos certos sobre impedir o aparecimento da vida nessas infusões aquecidas. Se, ao contrário, esse ar tivesse sido aquecido o bastante, nenhum animal nasceria, a menos que nenhum ar novo penetrasse no recipiente... Como dificilmente se poderá provar que não existem ovos minúsculos flutuando no ar contido no recipiente, me parece que a existência deles [no recipiente] será sempre possível."

(Spallanzani, *Expériences pour servir a la histoire de la generation des animaux et des plantes*, 1785)

As críticas de Spallanzani tornaram-se fundamentais para a negação das evidências apresentadas por Needham. Este, contudo, ainda procurou refutar as conclusões de Spallanzani, afirmando que, se aquecesse suficientemente o ar existente no interior do recipiente, poderia modificar a *elasticidade do ar*, destruindo a *força genésica* ou *vegetativa* existente nas infusões. Spallanzani passou 20 anos tentando mostrar a inexistência dessa força vegetativa. Em 1785 ele escreveu uma carta a Charles Bonnet na qual afirmava acreditar que a polêmica estava condenada a não ter fim. O debate continuou ao longo do século XIX.

O plano divino e os sistemas de classificação

A concepção deísta de um Universo criado no início dos tempos como se fosse uma máquina não permitia a crença em milagres ou no surgimento de fatos sobrenaturais. Ao criar a grande máquina do Universo, Deus nele colocara as marcas de seu projeto.

Na Inglaterra, no século XVIII, surgiu uma corrente deísta que ficou conhecida como teologia natural ou teologia física. Seus adeptos defendiam que o projeto de Deus para a natureza poderia ser desvendado pela descoberta das leis que a regiam. O conjunto dessas leis era considerado a parte fundamental do *design*, nome então dado ao plano de Deus. Na natureza nada existia por acaso, tudo possuía uma finalidade dentro dos desígnios divinos. Esse tipo de pensamento foi chamado mais tarde *teleológico*.

✧ Teleologia ✧

É o estudo dos sistemas de pensamento nos quais se atribui uma finalidade aos seres e aos eventos do Universo. Pode-se considerar teleológica a filosofia natural de Aristóteles, que atribuía finalidades a todos os fenômenos estudados. Na visão moderna, o Deus-relojoeiro havia construído o mundo (causa eficiente) dando a cada ser uma finalidade (causa final). Também podem ser consideradas teleológicas as concepções de Leibniz, ao afirmar que Deus só poderia ter construído o melhor dos mundos possíveis. Esse tipo de pensamento estava na essência das principais teorias da filosofia e da história natural ao longo do século XVIII. Somente a partir do século XIX essa visão começaria a ser questionada de maneira mais contundente. Ao longo deste século, contudo, continuariam os debates sobre o tema.

Vários filósofos naturais se empenharam na compreensão do plano divino e da finalidade dos seres e eventos estudados escrevendo livros que se tornaram clássicos no século XVIII. A partir da segunda metade do século, as correntes materialistas começaram a denunciar a idéia de um plano divino por ser dotada de bases metafísicas, o que não a qualificaria para integrar os estudos da natureza. Essas correntes começaram a ganhar força ao longo do século, sobretudo na França, criando uma tensão com deístas e filósofos cristãos. O embate teve grande importância para a construção do conhecimento científico.

A idéia da existência de um plano divino gerou a criação de sistemas de classificação. O ato de criar categorias sempre foi uma necessidade da compreensão humana. No que se refere aos seres vivos, os sistemas de classificação já eram utilizados desde a Antigüidade. Um sistema que adquiriu grande prestígio entre os naturalistas foi o proposto por Aristóteles. Na sua concepção, os seres vivos deveriam ser separados em gêneros, por sua vez divididos em espécies gerais, e estas em espécies particulares, que se subdividiriam em espécies singulares. O sistema aristotélico tinha um forte componente lógico. Mas existia uma hierarquia entre os seres mantida por meio da teoria das almas.[2]

No século XVIII, classificar significava fundamentalmente encontrar o plano de Deus para os seres vivos. Vários sistemas foram propostos e se tornaram o centro de intensos debates sobre o tipo de ordem a ser usada. A maioria deles tinha ori-

---

[2] Ver volume 1 desta coleção, *Convergência de saberes*, p.26.

gem na Antigüidade, sendo adaptados à nova concepção mecanicista que imperava no Século das Luzes. Mas, em geral, todos partiam de relações de semelhança entre conjuntos de animais e vegetais.

Um dos sistemas que alcançou maior popularidade entre os naturalistas foi a *cadeia dos seres*, ordenação em que grupos de animais e vegetais eram colocados um após outro, de forma linear, desde aqueles considerados mais simples aos mais complexos. Os grupos eram bem definidos, não havendo ligação entre eles. Nessa cadeia existia uma hierarquia de complexidade, na qual cada ser tinha um papel a cumprir no plano divino, desde aqueles considerados inanimados até o homem.

Charles Bonnet foi um dos defensores da cadeia dos seres. No mesmo livro em que apresentara seu modelo pré-formista, ele construiu uma cadeia ampla que ia da matéria inanimada ao homem.

A cadeia de seres estabelecida por Bonnet estava plenamente adaptada à sua visão pré-formista sobre a geração. Cada ser já fora pré-formado no momento da criação, ocupando seu espaço no plano divino.

Embora defendida por certos naturalistas do século XVIII, a idéia de uma cadeia dos seres apresentava algumas dificuldades. As viagens dos navegadores às novas terras trouxeram para o continente europeu diversos espécimes desconhecidos. Além disso, o advento do microscópio havia aberto uma janela para um universo completamente novo. Essa enorme quantidade de animais e vegetais recém-conhecidos colocava uma série de dificuldades para os naturalistas. Como classificar, por exemplo, o leão-marinho e as baleias? Seriam peixes ou mamíferos?

✧ Cadeia dos seres de Bonnet ✧

Esta é uma versão simplificada da cadeia dos seres de Charles Bonnet, na forma como ele a apresentou em seu livro *Contemplação da natureza*, de 1764. A cadeia de Bonnet partia de uma hierarquização dos seres e de uma visão harmônica e estática da natureza.

Homem
Macacos
Quadrúpedes (mamíferos)
Morcego
Avestruz
Pássaros
Pássaros marinhos
Peixe-voador
Peixe
Enguia
Serpentes marinhas
Répteis
Lesmas
Marisco
Insetos
Vermes
Pólipos (hidras)
Plantas sensitivas
Árvores
Arbustos
Ervas
Liquens
Fungo
Minerais
Terra
Água
Matéria etérea

Leões-marinhos?
Baleias?

Por outro lado, havia ainda a questão dos fósseis. A maioria deles não se assemelhava aos seres vivos existentes na época. Eram realmente seres vivos? Por que se encontravam incrustados nas pedras? Teriam nascido e vivido naquele local? Se fossem seres vivos solidificados por transformações na crosta terrestre, por que haviam se extinguido? A extinção colocava em xeque a crença de que Deus criara um Universo harmonioso e concedera a cada ser uma finalidade. Teria acontecido algo após a criação que contrariara o plano de Deus?

Os questionamentos feitos à cadeia dos seres fizeram surgir novos sistemas de classificação, baseados em outros modos de organização. Certos naturalistas buscavam um tipo de taxonomia que não se baseasse numa lógica arbitrária, mas tivesse como fundamento uma ordem natural. A compreensão da geração dos seres e suas semelhanças poderia ser a chave para esses novos sistemas.

Carl von Linné (1707-78), mais conhecido hoje como Lineu, foi um naturalista sueco que construiu um sistema de amplo sucesso ao longo de todo o século XVIII, servindo como base para os modernos sistemas de classificação. Embora partisse da crença numa ordem dada pelo criador para toda a natureza, Lineu não construiu um sistema hierárquico, nos moldes da cadeia dos seres. Seu ponto de partida foi a botânica, e ele procurou classificar os vegetais a partir dos órgãos reprodutores. Esse ponto era essencial, pois a partir da reprodução as espécies se perpetuavam.

Embora acreditasse no surgimento de novas espécies por meio de hibridações, Lineu era um fixista, isto é, defensor da idéia de que as espécies não se transformam ao longo do tempo.

O termo fixismo surgiu dentro da história natural quando se começou a postular, em fins do século XVIII, a possibilidade de os seres se transformarem. Até então, as teorias para explicar a diversidade do planeta concebiam uma natureza estática. Tanto Platão, com sua teoria das idéias, quanto Aristóteles, com a concepção de matéria e forma, e a teoria das almas, postulavam doutrinas em que os seres possuíam uma essência imutável. Mais tarde o cristianismo confirmou essas doutrinas, colocando essa essência na alma.

Ao longo de grande parte do século XVIII, perdurou a visão deísta de um Universo-máquina, e as explicações de uma essência imutável mantiveram-se inalteradas. Somente a partir do final do século se intensificaram as críticas a essa concepção, e, graças a um conjunto de fatores, começou-se a postular teorias transformistas. Os sistemas de classificação, entretanto, permaneceram válidos, transformando-se junto com o conceito de espécie.

8

ELETRICIDADE: A ESSÊNCIA DA VIDA?

Nas décadas finais do século XVIII, havia duas teses antagônicas em debate sobre a essência da vida. A primeira propugnava que havia uma eletricidade animal, um fluido neuroelétrico, como se denominava na época, que, ao circular nos nervos, provocava as diferentes contrações observadas nos músculos. A segunda preconizava que as contrações eram provocadas por uma força interna e específica da fibra muscular, de natureza puramente mecânica, independente da vida e da sensibilidade, agindo assim num domínio distante da consciência.

Por volta de 1778, o anatomista italiano Luigi Galvani (1737-98) procurou combinar elementos de pneumática e anatomia com as especulações em torno da atmosfera elétrica. Galvani compartilhava com outros filósofos naturais mais dedicados à biologia a primeira tese sobre a essência da vida. Com isso realizou experimentos que aplicavam estimulação elétrica aos músculos de órgãos vivos e mortos. Pesquisas como estas eram razoavelmente comuns na época, e mesmo conhecendo os resultados experimentais desse tipo de estudo, Galvani acreditava poder mudar as situações observadas e obter novas conclusões a respeito da relação entre eletricidade e vida. Assim, analisou os gases contidos em várias partes dos corpos dos animais, dedicando-se particularmente ao gás inflamável (hidrogênio), pela forte ação que a eletricidade tinha sobre ele. Na verdade, julgava que esta exercia um papel importante na respiração.

Em suas primeiras investigações sobre eletricidade e seres vivos, Galvani verificou espasmos quando se produzia uma descarga elétrica em corpos de rãs mortas. Confrontando tais resultados com suas análises teóricas, criou uma pesquisa sistemática com o propósito de respaldar a tese da existência do fluido neuroelétrico. Mostrou, então, a possibilidade de se eletrizar uma caveira de modo semelhante ao que era feito com uma garrafa de Leyden. Com esse resultado em mente, defendeu que males como dor de cabeça, reumatismo e outros afins poderiam ser causados por uma sobrecarga do fluido neuroelétrico, ou eletricidade animal, nos nervos. Essa sobrecarga ocorreria por alterações na suposta atmosfera elétrica existente ao redor dos corpos.

Os resultados encontrados por Galvani levaram-no a intensificar as pesquisas com rãs. Desse modo, realizou inúmeras modificações nos experimentos iniciais, utilizando descargas de máquinas eletrostáticas, garrafas de Leyden e relâmpagos. Em todos os casos, o corpo da rã apresentava um certo movimento que indicava uma recuperação da vida. Como defendia que a eletricidade manifestada no espasmo da rã era especial, de natureza diferente daquela das máquinas eletrostáticas, Galvani, em continuidade a seus trabalhos, procurou manifestações elétricas nos seres vivos sem descarga elétrica externa. Esse caminho levou-o a associar as pernas de uma rã morta a um arco confeccionado com dois metais diferentes, denominado arco bimetálico. Nessa nova condição, a rã sofreu espasmos como se tivesse sido submetida a uma descarga elétrica.

Galvani interpretou esses novos dados como se o corpo da rã fosse uma garrafa de Leyden, com capacidade de armazenar a eletricidade animal. Assim, ele explicava que, quando eram associados os metais ao corpo da rã, se favorecia a liberação da eletricidade animal ali acumulada. Galvani defendia também que existia nos nervos e nos músculos dos animais o fluido elétrico capaz de lhes proporcionar vida. Esse fluido estaria combinado no cérebro e armazenado nos tecidos.

Experimentos de Galvani

Essa ilustração, que se encontra no livro de Galvani, *De viribus electricitatis in motu musculari*, de 1719, retrata um dos experimentos por ele realizados.

Os resultados das experiências de Galvani foram divulgados por toda Europa, e muitos filósofos naturais voltaram suas atenções para os novos fatos, desenvolvendo outras teorias. Afinal, Galvani conseguira um grande feito: transformar uma hipótese até então especulativa, a da existência de um fluido elétrico animal, em uma teoria com base experimental.

✧ Experiências com rãs e pára-raios ✧

Esta ilustração também se encontra no livro de Galvani, de 1791. Observe que a rã que está no frasco D tem uma parte do corpo ligada ao pára-raios AB; a outra parte está em contato com a água do poço.

Outro filósofo natural italiano, Alessandro Volta (1745-1827), ao tomar conhecimento daqueles resultados experimentais, procurou interpretar as conclusões de Galvani de outra forma, sem utilizar referências biológicas. Ele a relacionou a uma garrafa de Leyden comum, igual àquelas construídas pelos eletricistas da época. Por isso procurou ampliar as conclusões, associando à rã várias garrafas de Leyden. Desejava investigar se, desta forma, era possível aumentar a carga utilizada durante o experimento original. Suas reflexões teóricas e experimentais levaram-no a negar a possibilidade de interpretar o corpo da rã como uma garrafa de Leyden.

Volta empenhou-se em construir no laboratório experiências demonstrativas de que a eletricidade manifestada nos estudos de Galvani era do mesmo tipo daquela produzida pelas máquinas eletrostáticas e armazenadas nas garrafas de Leyden comuns. Após realizar vários experimentos concluiu que dois metais distintos em contato formavam uma fonte de eletricidade. Portanto, as contrações observadas por Galvani eram provocadas pelo simples fato de o corpo daquele animal conduzir o fluido elétrico produzido pelos metais.

A invenção da pilha elétrica

O debate a respeito da eletricidade animal foi intenso, impulsionando os defensores da existência da eletricidade animal – e também os que a rejeitavam – a construir novos experimentos que respondessem aos adversários e ao mesmo tempo respaldassem suas teorias.

Volta buscou uma forma de aumentar a produção da eletricidade inicialmente obtida com os dois metais. Depois de algumas tentativas, empilhou placas de dois metais distintos, colocando entre cada par um papel umedecido em solução ácida. Com esse dispositivo, produziu uma grande faísca ao pôr em contato, por um fio, as duas extremidades da pilha. Graças à sua forma, o aparato recebeu o nome de pilha elétrica ou pilha de Volta.

A pilha foi, para Volta, a prova definitiva de que a interpretação de Galvani estava equivocada. Afinal, a eletricidade havia sido produzida pelo simples empilhamento de metais. Os papéis umedecidos de seu aparelho e a rã do experimento de Galvani eram meros condutores, os elementos que permitiam a descarga da eletricidade produzida pelos metais.

✧ A pilha de Volta ✧

Esta foto é de uma pilha de Volta, construída a partir do empilhamento de placas de zinco e cobre entremeadas por panos umedecidos com ácidos. A possibilidade de geração de uma corrente elétrica contínua fez com que este fosse um artefato muito utilizado no século XIX. A pilha original encontra-se num templo dedicado a Volta em Como, Itália.

Apesar da teoria de Volta não ser a que hoje consideramos verdadeira, muitos filósofos naturais do século XIX a adotaram em seus trabalhos. Mesmo os que a rejeitaram perceberam a grande novidade do aparato construído por Volta. As pilhas foram rapidamente adotadas pelos filósofos naturais em seus laboratórios. Elas permitiam a observação de efeitos impossíveis de serem obtidos antes de sua construção.

A pilha: novas possibilidades para a química

Trabalhos já realizados haviam mostrado que a água era uma substância composta. Esta e outras constatações despertaram a atenção dos químicos para o estudo das análises (decomposições) e sínteses (recomposição). Muitos deles utilizavam eletricidade em suas experiências, porém esse uso era limitado. O anúncio dos trabalhos de Volta despertou a atenção dos químicos. Eles enxergaram na pilha um novo caminho para se obter análises. A apropriação foi rápida. Em 1800, a pilha foi usada para aperfeiçoar um novo método, a eletrólise, permitindo decompor substâncias que haviam resistido ao calor e à ação química.

A eletrólise foi usada também para decompor a água. Esse processo confirmava os trabalhos de Lavoisier, mas ao mesmo tempo apresentava aos químicos novas questões a serem exploradas. Usando cloreto de sódio (NaCl) para provocar a eletrólise da água, ocorria, como se esperava, liberação do hidrogênio para o chamado pólo negativo (a que hoje damos o nome de catodo), e de oxigênio para o pólo positivo (denominado atualmente anodo). Notava-se, porém, a formação de algo inesperado: uma base. Como explicar esse fato? Para responder à questão era preciso pesquisar a pilha.

Outras indagações ainda se colocavam: que tipos de reações ocorriam entre os metais e o papel umedecido? Qualquer líquido que umedecesse o papel provocaria o efeito da pilha original? Haveria alguma relação entre reação química e eletricidade? Volta interpretara o fenômeno sem discussões maiores a respeito do tipo de reação ocorrida entre os metais e o papel umedecido. Os novos fenômenos percebidos com a utilização da pilha traziam problemas ainda sem solução.

A *Naturphilosophie* e a eletricidade

Apesar da pilha de Volta, o interesse pelo galvanismo continuava. Em vários artigos de medicina do fim do século XVIII havia explicações sobre o poder terapêutico da eletricidade animal, algumas delas defendendo a idéia de que esse era o caminho para a reconstrução da vida. Tal movimento fez com que personalidades importantes da época recorressem à eletricidade animal para curar suas enfermidades. Este foi o caso de Ludwig van Beethoven, que buscou com esse método resolver o problema de sua audição.

Muitos dos filósofos naturais que trabalhavam com a idéia da eletricidade como princípio gerador da vida defendiam a existência de uma unidade fundamental entre a natureza inorgânica e orgânica. Por isso realizavam pesquisas que pudessem evidenciar supostas analogias entre o mundo inerte e o mundo vivo. Alguns trabalhos, como os do alemão Johann Wilhelm Ritter (1776-1810), aproximavam-se dos princípios filosóficos da *Naturphilosophie*.

Em sua trajetória científica, Ritter realizou diferentes experimentos procurando relacionar fenômenos químicos a fenômenos ópticos e elétricos. Com base nas análises realizadas, a partir da radiação emitida pelo Sol, descobriu o raio ultravioleta e concluiu que o efeito produzido em substâncias químicas pela ação óptica era análogo àquele proporcionado pela ação elétrica. A eletricidade positiva e a luz vermelha, por exemplo, eram capazes de oxidação, assim como a eletricidade negativa e a luz violeta eram capazes de redução química.

Ritter acreditava que todos os fenômenos naturais tinham algo em comum. As infinitas formas da natureza assumiriam a aparência de uma única força que passava da eletricidade à química, ao magnetismo e aos fenômenos térmicos. Assim, ele realizou experimentos para evidenciar uma explícita interação da química com a eletricidade. Esses experimentos fizeram-no ser reconhecido como um dos fundadores da eletroquímica.

Investigou também perturbações magnéticas produzidas a partir de fenômenos eletrostáticos. Seguindo o caminho de Galvani, Ritter trabalhou com rãs mortas, procurando detectar a ação que os ímãs teriam sobre elas. Mostrou, por exemplo, que utilizando um fio de ferro imantado combinado a um outro não imantado era possível produzir palpitações similares às obtidas por Galvani. Tentou ainda imitar os fenômenos da eletrólise com fios de ferros imantados. De seus experimentos, percebeu que um fio imantado sofria oxidação quando colocado sobre pedaços de vidro molhados com ácido nítrico diluído. Nesses casos, o pólo sul e o pólo norte do fio eram diferentemente atacados pelo ácido.

Alguns dos experimentos realizados por Ritter tiveram conclusões incertas e irregulares, dificultando a reprodução por parte de outros filósofos naturais. Apesar disso, o conjunto de sua pesquisa causou entusiasmo entre os defensores da *Naturphilosophie*.

O caso Mesmer

No século XVIII, não era muito grande a diferença entre um conhecimento puramente racional e um saber fundamentado em especulações sem qualquer base. A ciência moderna ainda se afirmava, e as instituições não estavam consolidadas. Nesse contexto surgiu uma controvérsia bem interessante sobre a essência da vida que ficou conhecida como "o caso Mesmer".

Contemporâneo de Galvani, o médico austríaco Franz Anton Mesmer (1734-1815), que se fixou em Paris em 1778, defendia haver em todos os organismos um fluido imponderável, o magnetismo animal. Este existiria em graus distintos nos organismos, podendo ser transmitido de um a outro. Assim, segundo Mesmer, era possível curar um doente transmitindo-lhe magnetismo animal de uma pessoa sã. Ele mesmo declarava-se repleto de magnetismo animal e, por isso, capaz de curar doenças.

O mesmerismo teve muita popularidade na França, e diversos membros da nobreza procuravam Mesmer para participar das sessões especiais de transferência de fluido. A Faculdade de Medicina de Paris e a Academia de Ciências ignoravam o mesmerismo, mas a notoriedade obtida pela prática fez com que o governo se encarregasse de nomear uma comissão para estudar o método de cura de Mesmer. Para essa comissão foram convidados Lavoisier, Benjamin Franklin – que acabou não participando do processo de avaliação –, o astrônomo Jean Sylvain Bailly (1736-93) e o inventor da guilhotina, o médico Joseph Ignace Guilhotin (1738-1814). O parecer da comissão, dado em 1784, foi totalmente desfavorável ao mesmerismo, o que de alguma forma desagradou a muitos. O ataque ao elitismo da Academia se fortaleceu.

✧ Sessões de transferência de fluido magnético ✧

As sessões de mesmerismo ocorriam num salão perfumado, cujo centro era ocupado por um grande vaso de madeira com água, vidro moído e limalha de ferro. Barras de ferro saíam da tampa do vaso. Os pacientes seguravam essas barras para que o fluido se transmitisse a eles.

9

BUSCA DE UM PADRÃO UNIVERSAL

Durante séculos, as trocas comerciais entre os povos foram difíceis. Os padrões de medida eram diferentes de uma região para outra e coexistiam várias unidades para as mesmas grandezas. Dessa forma, no final do século XVIII, a França revolucionária decidiu criar um sistema de medidas universal. Seguindo os princípios filosóficos da Revolução, de liberdade e igualdade entre cidadãos e povos, buscou-se estabelecer um sistema que não fosse subjetivo e particular, mas capaz de ser aceito e usado por todos sem restrições.

A França dessa época vivia obcecada pela idéia de unidade: no governo, na língua etc. Havia um espírito de universalidade e horror ao arbitrário. O novo padrão de medida, pretensamente não-arbitrário, traduziria o anseio do eterno, do válido e imutável para todos. O filósofo Condorcet, ao discursar na Assembléia, dedicou a empreitada que iria definir o novo padrão de medida de comprimento: "A todos os povos, a todos os tempos."

Havia também a percepção de que um sistema de medidas uniforme impulsionaria a livre circulação de mercadorias e riquezas pelo território francês, contribuindo para diminuir a escassez de suprimentos, um dos principais problemas da França de então.

Com o intuito de criar um padrão universal de comprimento, montaram-se duas expedições para determinar o meridiano entre Dunquerque e Barcelona. Propunha-se que a unidade do novo padrão fosse a quadragésima milionésima parte de um meridiano terrestre. Dois astrônomos e membros da Academia de Ciências de Paris, Pierre-François-André Méchain (1744-1804) e Jean-Baptiste-Joseph Delambre (1749-1822), foram os escolhidos para realizar as medições. Cada um partiria de um ponto, e o encontro se daria na cidade francesa de Rodez. Em 1792, Delambre partiu para o norte, e Méchain para o sul.

A definição do novo padrão remonta à Antigüidade. Eratóstenes estabeleceu o tamanho da Terra a partir da distância entre Assuã, no Egito, e Alexandria. A medida encontrada foi 250 mil estádios (unidade da época), o que, nos padrões da França do final do século XVIII, correspondia a 40 milhões de meias toesas. Daí se tomar a quadragésima milionésima parte de um meridiano terrestre como padrão universal.

A medida de parte do meridiano seria feita pelo processo de triangulação, que consistia em medir os ângulos e um lado de diferentes triângulos em seqüência para dessa forma determinar a distância entre dois pontos extremos. O método já era usado pelos cartógrafos para a elaboração de mapas e para medir a geodésia, ou seja, a circunferência da Terra.

Quando a Revolução Francesa eclodiu, as expedições ainda estavam em andamento. Assim, os distúrbios vividos na França do período proporcionaram muitos obstáculos às duas diligências. Entre outras coisas, tiveram de superar barreiras nas estradas, pois havia uma desconfiança de que seus integrantes

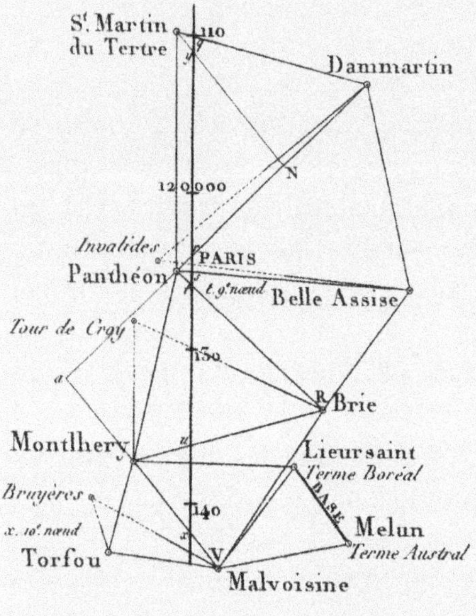

✧ Triangulação ✧

Para determinar os ângulos, cumpria estabelecer vários pontos de observação que constituiriam os vértices dos triângulos a serem medidos. Esses marcos poderiam ser picos de montanhas ou mesmo torres de igrejas, mas a empreitada não era simples, pois onde não havia tais pontos era necessário construí-los.

estivessem fazendo espionagem para os inimigos do país. Esses problemas atrasavam a conclusão das medidas, fazendo com que, em Paris, muitos propusessem outras formas de estabelecer o novo padrão de medida de comprimento.

A Revolução recusou-se a adotar qualquer padrão que não saísse da natureza. Defendia-se que esta era a única forma de garantir que ele fosse considerado verdadeiramente universal. Havia inclusive discussões sobre como se deveriam definir os múltiplos e submúltiplos do padrão universal. Optou-se por um sistema decimal, considerado mais natural, pelo fato de termos dez dedos nas mãos. De forma similar, a nova moeda nacional também deveria ser decimal.

O nome metro para o novo padrão foi sugerido pelo cidadão Auguste-Savinien Leblond, em 1790, e acabou adotado posteriormente.

Os atrasos foram tantos que a determinação do metro só foi concluída em 1799, sete anos após o início das expedições. Naquele momento, a França realizou o que talvez tenha sido o primeiro congresso científico do mundo, com a participação de filósofos naturais de várias partes da Europa. As principais ausências foram de sábios da Grã-Bretanha, dos estados alemães e dos Estados Unidos, que não haviam sido convidados.

Durante a apresentação dos dados das duas expedições aflorou um resultado surpreendente; o meridiano não era uniforme, ele mudava entre dois marcos sucessivos. Nem todos os meridianos eram iguais. Como então determinar um padrão universal extraído da natureza se esta não apresentava a perfeição esperada?

Sem conseguir resolver o problema, optou-se pela definição do metro a partir dos dados de medida do meridiano terrestre levantados por expedições anteriores às de Méchain e Delambre, uma vez que eles apresentavam maior precisão.

Para reproduzir o padrão, construiu-se uma barra de platina a ser guardada no Arquivo Nacional francês. Cada filósofo natural presente à conferência levou uma cópia em ferro para casa, a ser reproduzida, possibilitando a adoção do sistema métrico.

A expedição meridiana foi digna de uma epopéia grega e, apesar do aparente fracasso, legou à posteridade o início da adoção do novo padrão, ainda que sua utilização tenha demorado a se concretizar e ele não tenha se tornado exatamente universal, já que alguns países, embora poucos, ainda hoje não o reconhecem.

Entretanto, o maior legado científico da determinação do metro foi o desenvolvimento de uma teoria de erros que possibilitou orientar a análise de resultados experimentais, uma vez que mesmo durante a expedição não havia um critério seguro de validação dos resultados das medidas realizadas. Foram Legendre e Gauss (1777-1855) que, de maneira independente, desenvolveram um método para tratar erros chamado de "método dos mínimos quadrados". Essa metodologia fez surgir, no início do século XIX, uma nova teoria científica, a teoria dos erros. Morriam os sábios e nasciam os cientistas.

Atualmente a definição do metro é diferente daquela estabelecida no século XVIII. No século XX, o metro passou por duas novas redefinições, que abandonaram o meridiano e adotaram a luz como referência no estabelecimento do padrão de medida de comprimento.

A Revolução Francesa universaliza a escala Celsius

No século XVII, Galileu desenvolvera um aparelho, o termoscópio, que possibilitava avaliar a variação da temperatura de uma pessoa ao longo de um determinado tempo, sem no entanto associar a essa grandeza um número, como hoje fazemos.

A ampliação das análises experimentais envolvendo fenômenos térmicos impulsionou a busca de se estabelecer um modo eficaz de quantificar a temperatura. Alguns filósofos naturais dedicaram-se, ainda no início do século XVIII, a construir caminhos para graduar o termoscópio de Galileu, associando a ele um escala numérica. Gabriel-Daniel Fahrenheit (1686-1736) foi um dos que se dedicaram a essa empreitada. Ele percebeu, por exemplo, que, para construir uma boa escala, era necessário estabelecer pontos fixos – ou seja, estados térmicos em que a temperatura permanecesse constante –, por serem facilmente reproduzíveis. Seus estudos mostravam que uma substância pura submetida à pressão constante mantinha sua temperatura fixa durante a mudança de fase, constituindo portanto uma boa referência para o estabelecimento de um ponto fixo. Levando em conta essa conclusão, Fahrenheit associou o valor zero na escala ao estado térmico obtido quando colocamos um termômetro numa mistura de gelo, água e sal amoníaco. Estabeleceu outro ponto de referência com o termômetro imerso numa mistura de água e gelo puros. Ao último caso atribuiu o valor 32°. Como acreditava que a temperatura de uma pessoa sadia era constante, ainda considerou-a um terceiro ponto fixo, atribuindo o valor de 96° à marca estabelecida quando o termômetro ficava em contato com o corpo de uma pessoa saudável.

Fahrenheit obteve êxito, mas não foi o único. O filósofo natural sueco Andres Celsius (1701-44) também estabeleceu uma escala satisfatória, em que utilizava a mudança de fase da água como referência. Um ponto fixo por ele escolhido foi o da fusão do gelo, ao qual atribuiu o valor de 100° graus; outro foi o da ebulição da água, ao qual associou o valor de 0°. Entre esses dois pontos dividiu a escala em cem partes iguais. O fato de que a escala de Celsius fosse centígrada tornava-a operacionalmente vantajosa em relação à de Fahrenheit.

Outros filósofos, como Lineu, em 1731, já haviam criado uma escala termométrica centígrada, mas a de Celsius acabou sendo a mais valorizada quando, em 1794, a comissão de pesos e medidas instituída pela Revolução Francesa a considerou uma escala universal. Vale ressaltar que nesse processo a marcação da escala Celsius foi invertida: o 0° foi atribuído à fusão do gelo, e os 100° à ebulição da água. Apesar do desejo francês de universalização, aconteceu com a escala Celsius o mesmo que com o metro. Houve resistências, e até hoje alguns países adotam a escala Fahrenheit.

"Navegar é preciso...": a longitude

No século XV já se dominava com muita segurança a navegação no sentido norte-sul do globo terrestre, no qual as latitudes eram bem determinadas a partir da posição dos corpos celestes. Entretanto, o mesmo não se podia dizer da direção leste-oeste. Não raro as viagens marítimas terminavam em tragédias, com perda de vidas e cargas preciosas. Para se ter maior segurança nessa empreitada, era preciso encontrar com precisão as longitudes. E o caminho reconhecido para tal era a determinação exata da hora, uma vez que, para se saber qual o desvio ocorrido na direção leste-oeste, seria necessário comparar a hora do local de chegada com a do lugar de partida.

A construção de um relógio realmente preciso, resistente a alterações de funcionamento quando embarcado em navios, foi uma conquista técnica. Uma epopéia quase tão grande quanto a determinação do metro. Só que ela se revestiu de importância ainda maior, pois, para os anseios expansionistas das monarquias européias, era fundamental que os navios retor-

✧ Marcando longitudes ✧

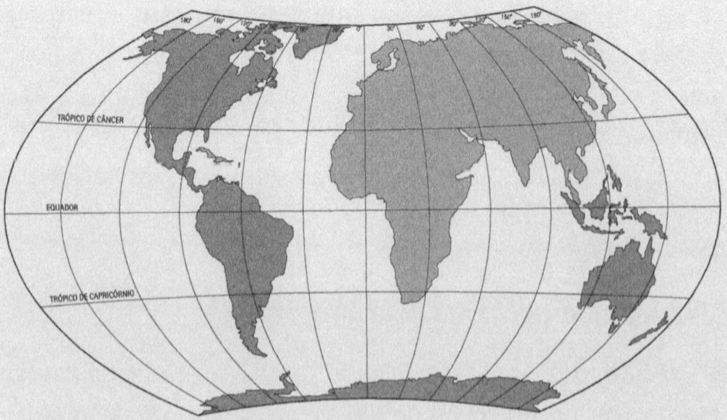

A ilustração acima mostra o globo terrestre fatiado em linhas perpendiculares ao equador. Essas linhas são denominadas longitudes.

nassem a salvo para os locais de partida, trazendo as valiosas cargas que chegavam sobretudo da América.

Essa necessidade se manifestou na oferta de prêmios em dinheiro para quem determinasse com precisão a longitude no mar. A Coroa britânica, por exemplo, estipulou, em 1714, um prêmio de 20 mil libras para aquele que resolvesse o problema da longitude.

As deficiências apresentadas pelos relógios deviam-se às variações de temperatura que os mecanismos sofriam durante as viagens, fazendo com que sofressem dilatações e contrações prejudiciais ao bom funcionamento. Quando a bordo de navios em longas viagens, os relógios sofriam mudanças da pressão barométrica e na aceleração da gravidade que acrescentavam ainda outros inconvenientes aos já apontados. Tecnicamente os problemas não eram fáceis de resolver, e havia mesmo quem acreditasse que nunca poderiam ser solucionados. Essas pessoas defendiam a idéia da determinação da longitude por métodos astronômicos, como, por exemplo, pela posição da Lua ou pelos eclipses das luas de Júpiter.

Apesar do ceticismo, o relojoeiro inglês John Harrison (1693-1776) conseguiu a façanha de resolver o problema. Para tal, precisou construir uma série de quatro relógios no período de 1735 a 1762. O primeiro relógio de Harrison, denominado H1, pesava 34 quilos e só foi testado pela primeira vez um ano após sua construção, numa viagem a bordo do navio *Centurion* de Londres a Lisboa. Nessa travessia, o relógio atrasou apenas um segundo em 24 horas. Entretanto, o teste final deveria ocorrer numa viagem às Índias Ocidentais. Só que Harrison preferiu construir um novo relógio, o H2, que apresentou em 1741. Não satisfeito com seu trabalho, solicitou ao Conselho da Longitude, responsável pela premiação, que não testasse o H2 e lhe permitisse construir o H3, que ficou pronto em 1759, 18 anos depois do anterior. Por diversos motivos o H3 não obteve o sucesso esperado, e Harrison passou a trabalhar num novo modelo, com dimensões bastante reduzidas para a época – pesava apenas 1,3 quilo.

O H4 ficou pronto e foi testado em 1762. Após 81 dias no mar, atrasou apenas cinco segundos. Mas o Conselho da Longitude exigiu um segundo teste, que ocorreu em 1764. Mais uma vez o relógio obteve sucesso. Com isso o Conselho reuniu-se e outorgou a Harrison um prêmio de dez mil libras, metade do prometido inicialmente. Ele ainda teve de construir um quinto relógio, o H5, em 1773. Após os testes, concederam-lhe um prêmio no valor de 8.750 libras, quase completando o que faltava.

A partir dessa época, vários relojoeiros passaram a elaborar cronômetros em larga escala para baratear os custos dos relógios de Harrison. A longitude havia sido controlada, e a Inglaterra dominou os mares, construindo seu grande império.

10

ASTRONOMIA: DA ORIGEM DO SISTEMA SOLAR ÀS ESTRELAS

✧ ✧ ✧

O século XVIII inaugurou uma astronomia que privilegiava a observação e análise das estrelas com relação ao estudo dos planetas. Um dos grandes responsáveis por essa mudança foi William Herschel (1738-1822), que construiu alguns telescópios capazes de aperfeiçoar as observações estelares – como, por exemplo, perceber que o Sol realiza um movimento em direção à constelação de Hércules.

Em 1778, Herschel começou a fazer o recenseamento de estrelas duplas. Como conseqüência desse trabalho, em 1781 observou na constelação de Gêmeos um corpo que lhe chamou atenção. Inicialmente pensou tratar-se de um cometa, mas verificou depois que era um planeta com uma órbita externa à de Saturno. Em homenagem ao rei da Inglaterra Jorge III, o novo planeta foi chamado por Herschel de *Georgium Sidus* – posteriormente batizado de Urano.

Um dos objetivos de Herschel ao estudar as estrelas era, a partir do mapeamento da densidade de distribuição desses astros em diferentes direções, determinar a forma do Universo. Ele acreditava que a magnitude das estrelas estava associada à distância delas com relação à Terra. Entretanto, suas observações levaram-no a admitir que não havia uma regularidade no céu capaz de sustentar sua tese. Na verdade ele observou muitas diferenças entre os corpos celestes: aglomerados estelares, estrelas duplas e nebulosas.

A cosmogonia de Kant e Laplace

Particularmente no campo da astronomia, as aplicações das leis de Newton para os movimentos dos corpos foram rapidamente realizadas, e com enorme sucesso. Assim, astrônomos e filósofos do século XVIII passaram a tentar explicar fenômenos que não haviam sido considerados pelo próprio Newton. Este nunca se propusera explicar a origem do Universo e da própria gravitação. Entretanto, o assunto assumiu lugar importante no século XVIII, surgindo uma cosmogonia ancorada nas teorias newtonianas. A principal foi apresentada por Kant – que publicou em 1755 um livro intitulado *História natural e teoria geral do céu: ensaio sobre a constituição e origem mecânica do Universo, tratado de acordo com os princípios de Newton* – e pelo filósofo francês Pierre Simon de Laplace – cujas idéias encontram-se na obra *Exposição do sistema do mundo*, de 1796.

Em 1751, Thomas Wright de Durham (1711-86) apresentou um trabalho no qual considerava que as estrelas fixas estavam num sistema similar ao dos planetas, ou seja, aproximadamente no mesmo plano. Elas não se encontravam espalhadas aleatoriamente ou dispersas no céu. Kant, influenciado por este trabalho, construiu sua explicação a respeito da origem e constituição do sistema solar, do mundo estelar e em particular da Via Láctea, ressaltando na terceira parte do livro quais seriam

✧ Sistema de Kant ✧

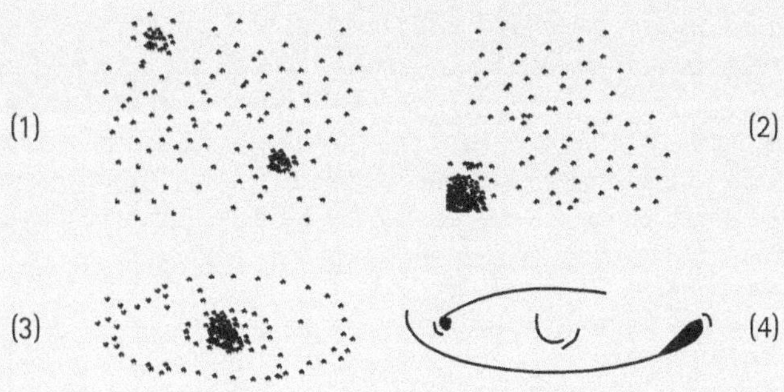

No sistema proposto por Kant para o surgimento do Universo, inicialmente a matéria estava dispersa de forma aleatória (1). Os pontos mais densos começaram a aglutinar matéria em torno de si (2 e 3). Surgem, então, o Sol e os planetas girando ao seu redor (4).

as supostas características dos possíveis habitantes de outros planetas.

Para Kant, forças de atração e repulsão teriam atuado na formação do Universo, fazendo com que colisões laterais entre partículas provocassem movimentos de rotação em torno de pontos mais densos, que se formaram graças à atração gravitacional.

Kant não conseguia explicar com argumentos físicos como forças internas ao sistema podiam ter produzido o movimento inicial das partículas do Universo. Assim, em sua cosmologia, Deus tornou-se uma referência indispensável, possibilitando que a matéria se submetesse às leis que impuseram a ordem universal. Kant chegou a referir-se às teorias de Lucrécio, Epi-

✧ Do caos à ordem ✧

"Presumo a dispersão total da matéria do Universo e encontro nela um caos completo. Vejo formar-se a matéria de acordo com leis definidas da atração e modificar seu movimento pela repulsão. Deleito-me em ver produzir-se, sem ajuda de ficções arbitrárias, e ocasionado pelas definidas leis do movimento, um todo bem-ordenado que se assemelha tanto ao sistema universal que vemos diante de nossos olhos, que não posso abster-me de considerá-lo o mesmo."

(Kant, *História natural e teoria geral do céu*, 1755)

curo, Leucipo e Demócrito, com as quais suas hipóteses eram muito parecidas, mas ressalvou que não se tratava de uma teoria atéia, como a dos filósofos gregos.

Deus não é mais necessário

Em 1796, Laplace, de modo independente de Kant, apresentou sua teoria a respeito da origem do sistema solar. Ele acreditava que a lei da gravitação permitiria dar conta da criação do sistema planetário, uma vez que as leis que explicavam a ordem do Universo deveriam ser capazes de criá-lo.

Em seu texto "Origem do sistema solar", última parte da obra *Exposição do sistema do mundo*, Laplace falou das regularidades de fenômenos associados ao movimento dos planetas e passou então a discutir a origem do sistema solar. Inicialmente rejeitou a suposição de Buffon segundo a qual os planetas teriam se formado pelo choque de um cometa com o Sol. Nessa hipótese, a colisão fizera com que diversos pedaços de matéria fossem jogados para longe, unindo-se posteriormente. Nesse processo, eles teriam se resfriado, originando os planetas e seus satélites.

Ao contrário de Buffon, Laplace argumentava que os planetas haviam se formado a partir de uma nuvem de alta temperatura que girava lentamente; alguns anéis se constituíram e desprenderam do todo inicial. Depois partiram-se, e os blocos maiores, que atraíam mais matéria pela ação gravitacional, formaram por fim os planetas. O Sol, em seu estado primitivo, teria sido como uma nebulosa que condensava matéria no núcleo pouco brilhante até transformar-se numa estrela.

Ao contrário de Kant, Laplace abandonou totalmente as referências a Deus. A esse respeito há uma passagem interessante. Certa vez Laplace foi convidado por Napoleão Bonaparte a comparecer ao palácio, onde o imperador perguntou-lhe como fora capaz de descrever o movimento dos corpos no Universo sem qualquer referência a Deus. Laplace respondeu que não precisara dessa hipótese particular em sua análise.

✧ Sistema de Laplace ✧

Esquema da teoria de Laplace explicativa da formação do Universo. A matéria aglutina-se em anéis que se partem. Os pedaços maiores atraem outros menores, formando o Sol e os planetas.

Isso não é uma anedota, nem deve ser visto como uma história curiosa. Serve para ilustrar a visão de Laplace a respeito das explicações sobre a natureza. Insere-se no contexto do movimento iluminista francês, que buscava apagar da ciência qualquer alusão religiosa. Dessa forma, a ciência do século XVIII, sobretudo a francesa, buscou dar às teorias do funcionamento do mundo uma racionalidade científico-matemática que antes elas não tinham.

A Terra tem a forma de uma cebola

O sucesso da teoria newtoniana, em particular da gravitacional, também esteve presente na determinação da forma da Terra. Segundo Newton, nosso planeta deveria ser achatado nos pólos, pois a rotação terrestre faria com que a massa na região do equador tendesse a se afastar do centro. Assim, a Terra teria um diâmetro maior na direção do equador que na dos pólos, e conseqüentemente os corpos sofreriam ali menor atração gravitacional. Newton chegou a determinar que o achatamento seria de 1/230 da circunferência terrestre.

Na França, os partidários de Descartes, condicionados pelo paradigma cartesiano dos turbilhões, acreditavam que o formato da Terra seria alongado na direção dos pólos. Em 1718, Jacques Cassini II (1677-1756) escreveu um tratado que apresentava dados obtidos por ele e seu pai determinando o alongamento da Terra. Outras medidas realizadas em 1733, 1734 e 1736 confirmaram suas previsões.

Havia um interesse do governo francês de Luís XIV em financiar as pesquisas geodésicas, uma vez que as expedições científicas estavam vinculadas à expansão comercial.

Uma das primeiras vozes que se opuseram no território francês a essa idéia da forma da Terra, e, conseqüentemente, ao paradigma cartesiano, foi a de Pierre Louis de Maupertuis. Foi ele quem primeiro defendeu e divulgou o legado newtoniano na França.

Como Newton previra que a Terra deveria ser achatada, e não alongada, a determinação exata da sua forma era uma forma de escolher entre os paradigmas cartesiano e newtoniano. Sendo assim, duas expedições foram programadas com essa finalidade.

Em 1735, partiu uma expedição ao Peru chefiada por Charles-Marie de la Condaminne (1701-74), e em 1736 saiu outra para a Lapônia, próxima ao Pólo Norte, chefiada por Maupertuis e Clairaut (1713-65). A segunda expedição retornou no ano seguinte, enquanto a primeira só voltou dez anos depois da partida.

As medidas foram realizadas pelo chamado processo de triangulação, medindo-se a distância entre Tornea, no golfo de Bótnia, e Kittis, localizada no mesmo meridiano. Esse arco de meridiano revelou-se maior que o calculado entre Paris e Amiens. As medidas realizadas mostraram, então, o achatamento da Terra nos pólos, como Newton havia previsto.

✧ Achatamento da Terra ✧

O achatamento foi determinado pela diferença na medida do meridiano próximo ao pólo e ao equador.

O "alongamento" da Terra no equador também foi demonstrado por outro processo: a determinação do atraso dos relógios de pêndulo na região. Isso era explicado exatamente porque, pela teoria de Newton, a gravidade variava em função da distância da superfície ao centro da Terra.

O período de oscilação de um pêndulo depende, de acordo com as leis de Newton, da aceleração da gravidade local, de tal forma que, quanto maior a aceleração, menor o período. Já a aceleração da gravidade depende da distância em relação ao centro da Terra. Assim, se um relógio de pêndulo se atrasa no equador, isso se dá porque a aceleração da gravidade é menor nesse local. A única explicação para o fenômeno é que, no equador, estamos mais afastados do centro da Terra que em outras latitudes. Logo, a Terra tem de ser achatada nos pólos.

Outro sucesso da teoria gravitacional de Newton foram as medidas da influência da atração gravitacional sobre pêndulos localizados em montanhas. Cálculos feitos durante a expedição ao Peru conseguiram determinar que as oscilações dos pêndulos sofriam influência da massa das montanhas, comprovando assim a teoria newtoniana.

Todos esse fatores fizeram com que a atração gravitacional passasse a ser inquestionável. Porém, havia um problema. Aceitá-la implicava admitir uma ação a distância, visto que as influências entre dois corpos se transmitiam, misteriosamente, de forma instantânea. Apesar de não conseguirem explicar tal fato, os filósofos naturais não podiam deixar de lado o poder explicativo da atração gravitacional.

CONCLUSÃO

✧ ✧ ✧

A herança deixada pelo século XVIII para a ciência foi a tentativa de basear o conhecimento da natureza única e exclusivamente na razão pura. Daquilo que os filósofos naturais do século XVII haviam nos deixado ainda restavam aspectos cheios de referências místicas, baseados em entes não materiais. Isso incomodava os iluministas. Dessa forma, os filósofos das Luzes procuraram banir por completo os resquícios metafísicos. Esse trabalho de purificação do conhecimento contou com a edição de uma grande Enciclopédia, na qual o novo saber deveria ser divulgado, e com esforços locais no âmbito de cada área da ciência.

Com isso já não era mais possível adotar uma visão religiosa dos fenômenos. O debate entre essas duas correntes de pensamento se acirrou. Mesmo que existissem religiosos e filósofos naturais que buscassem uma adequação entre as duas perspectivas, as correntes materialistas aos poucos ganharam importância no dia-a-dia da ciência, produzindo teorias e respostas às principais questões.

No âmbito interno à ciência, a visão de um Universo-máquina se consolidou, e diversas concepções mecanicistas desenvolveram-se dialogando entre si. Entretanto, o maior problema colocado para todas essas correntes não foi resolvido:

como diferenciar a matéria inanimada da viva? Nesse contexto, surgiram também visões não-mecanicistas que tornaram o debate ainda mais instigante. Pode-se dizer que a ciência enriqueceu com essas controvérsias. A questão da vida começou a ser investigada de forma mais atenta a partir do momento em que as antigas concepções religiosas foram sendo abandonadas.

O século XVIII também assistiu à transformação da concepção mecanicista. O Universo-máquina do século XVII tinha o relógio como modelo. Compreender o mundo era, para os mecanicistas, perceber as engrenagens no contexto de seu funcionamento dentro do mecanismo. Com o advento da Revolução Industrial, a concepção de máquina transformou-se. A máquina térmica ganhou importância no imaginário coletivo e tornou-se o símbolo do mecanismo oitocentista. Nela, o mais importante era compreender a mecânica por meio de fluxos e fluidos. Os filósofos naturais do século já contavam com ferramentas matemáticas suficientes para compreender a natureza dessa forma.

No século XIX algumas dessas posições serão radicalizadas. O surgimento do positivismo como projeto filosófico dará coerência a algo que já vinha sendo feito de forma ainda não muito clara na prática científica. Outras questões irão surgir, colocando em xeque muitos dos fundamentos da ciência do século XVIII. Mas essa já é uma conversa para o próximo volume.

PARA SABER MAIS

Newton e a consciência européia, de Paolo Casini (São Paulo: Editora da Universidade Estadual Paulista, 1995).

Livro muito importante para se analisar a influência do legado newtoniano sobre diversos pensadores do século XVIII como Voltaire, Diderot, Kant, Boscovich, entre outros. Além disso, apresenta a penetração do pensamento de Newton na Itália. Em suma, um livro fundamental para compreendermos como as idéias de Newton influenciaram não só a física, mas diferentes campos do conhecimento.

Imagens de natureza, imagens de ciência, de Paulo Abrantes (Campinas: Papirus, II, 1998).

Coletânea de ensaios sobre a influência das imagens de natureza na construção de teorias científicas, da Antigüidade ao século XIX. Apesar de endereçado aos especialistas da área de filosofia da ciência, a linguagem é clara e acessível a todos.

O Iluminismo como negócio, de Robert Darnton (São Paulo: Companhia das Letras, 1996).

O autor desvenda a história da publicação da Enciclopédia entre 1775 e 1800. Este é um dos livros de um importante historiador norte-americano, que procura estudar o cotidiano da França do século XVIII. Algumas outras obras do autor estão indicadas na bibliografia.

A CIÊNCIA NO UNIVERSO DA CULTURA

✧✧ Cinema

Frankenstein de Mary Shelley, 1994
Mary Shelley's Frankenstein, USA, dirigido por Kenneth Branagh, 118 minutos, Tristar Pictures Industries

O filme conta a historia do doutor Victor Frankenstein, que após a morte da mãe vai para a universidade estudar medicina. Está particularmente interessado em teorias que afirmam ser possível recriar a vida a partir de matéria morta. Acaba atingindo seu objetivo com energia retirada de descargas elétricas, o fluido vital, mas acha a criatura repugnante e em vão tenta destruí-la. Daí por diante a criatura passa a perseguir seu criador para tentar entender quem ela é.

Doutor Mesmer, o feiticeiro
Mesmer, Austrália/Canadá/Inglaterra/Alemanha, dirigido por Roger Spottiswoode, 107 minutos

O filme narra de forma romanceada a história do doutor Franz Mesmer, personagem que tanto mexeu com o cotidiano dos franceses do século XVIII quanto incomodou filósofos naturais da Academia de Ciências de Paris, ao inventar uma técnica terapêutica baseada no magnetismo.

Danton – o processo da Revolução

Danton, França/Polônia, dirigido por Andrzej Wadja, 130 minutos, Gaumont

O filme retrata o período do terror da Revolução Francesa. As disputas políticas e ideológicas são apresentadas a partir do debate entre duas figuras muito importantes naquele contexto, Robespierre e Danton. Cenários, figurinos e diálogos são muito ricos, permitindo um mergulho profundo naquele momento histórico.

✧ Teatro

Oxigênio, de Roald Hoffmann e Carl Djerassi (Rio de Janeiro: Vieira & Lent, 2004).

Os autores são cientistas. O primeiro recebeu o Prêmio Nobel de Química, e o segundo, duas medalhas norte-americanas de Ciência e Tecnologia. A história alterna-se entre 1777 e 2001. No ano de 1777, ocorre um suposto encontro entre Lavoisier, Priestley, Scheele e suas respectivas esposas, em Estocolmo, a convite do rei Gustavo III, para resolver o seguinte problema: qual dos três descobriu o oxigênio? No encontro, cada uma das mulheres revela a importância de sua participação na vida dos maridos. Disputas e intrigas destacam-se na história da descoberta do elemento químico. Em 2001, um grupo de pesquisadores se encontra para conceder um Prêmio Nobel retroativo, e, após os debates, escolhem a descoberta do oxigênio para receber a láurea. Mas surge a questão: quem merece efetivamente o prêmio? Traçando uma história de intrigas e poder, os autores nos fazem viajar no tempo e refletir sobre as lutas que envolvem a construção do conhecimento científico.

Literatura

Rasero, de Francisco Rebolledo (Rio de Janeiro: Nova Fronteira, 1996)

O livro conta a história do jovem espanhol Rasero na França do século XVIII. O personagem-título se encontra com grandes nomes do Iluminismo francês e trava diálogos a respeito da razão e da humanidade. O livro faz uma crítica ao ideal racionalista do Iluminismo, apresentando personagens tristes e desiludidos consigo mesmos e com a humanidade.

BIBLIOGRAFIA

ABRANTES, Paulo. *Imagens de natureza, imagens de ciência*. Campinas: Papirus, 1998.

ADLER, Ken. *A medida de todas as coisas*. Rio de Janeiro: Objetiva, 2003.

ALFONSO-GOLDFARB, Ana Maria. *Da alquimia à química*. São Paulo: Landy, 2001.

BENSAUDE-VINCENT, Bernadette. "Éloge de la chimie". *Les Cahiers de Science & Vie*, nº47, outubro. Paris: Excelsior Publications, 1998.

BLANCKAERT, Claude. "Le temps, grand ouvrier de la nature". *Les Cahiers de Science & Vie*, nº23, outubro. Paris: Excelsior Publications, 1994.

BOWLER, Peter. *Evolution, the History of an Idea*. Berkeley: University of California Press, 1989.

CANEVA, Kenneth. "Physics and Naturphilosophie: A Reconnaissance". *History of Science*, v.35, 1997, p.35-78.

CARPENTIER, Laurent. "La longue histoire d'une idée vivace". *Les Cahiers de Science & Vie*, nº4, agosto. Paris: Excelsior Publications, 1991.

CASINI, Paolo. *Newton e a consciência européia*. São Paulo: Unesp, 1995.

CASSIRER, Ernst. *A filosofia do iluminismo*. Campinas: Unicamp, 1994.

Cohen, Bernard e Westfall, Richard (orgs.). *Newton, textos, antecedentes, comentários*. Rio de Janeiro: Uerj/Contraponto, 2002.

Darnton, Robert. *O Iluminismo como negócio: história da publicação da Enciclopédia, 1775-1800*. São Paulo: Companhia das Letras, 1996.

___. *Edição e sedição: o universo da literatura clandestina no século XVIII*. São Paulo: Companhia das Letras, 1992.

___. *O lado oculto da Revolução: Mesmer e o final do Iluminismo na França*. São Paulo: Companhia das Letras, 1988.

D'Alembert, J. e Diderot, D. (orgs.). *Encyclopédie ou dictionnaire raisonné des sciences, des arts et des métiers, articles choisis*. 2 vol. Paris: Flamarion, 1986.

Derry T. e Williams, Trevor. *Historia de la tecnología*. 3 vol. Madri: Siglo XXI, 1997.

Filgueiras, Carlos A.L. *Lavoisier – o estabelecimento da química moderna*. São Paulo: Odysseus, 2002.

___. "A revolução química de Lavoisier: uma verdadeira revolução?". *Química Nova*, v.18, nº2, 1995, p.219-24.

Gardner, Eldon. *History of Biology*. Minneapolis: Burges Publishing Company, 1965.

Geymonat, Ludovico. *Historia de la filosofia y de la ciencia*. Barcelona, Critica, 1998.

Hankins, Thomas L. *Science and the Enlightnment*. Cambridge: Cambridge University Press, 1998.

Harman, P.M. *Energy, Force and Matter – The Conceptual Development of Nineteenth-Century Physics*. Cambridge: Cambridge University Press, 1995.

Heibron, J.L. *Electricity in the 17th and 18th Centuries – A Study in Early Modern Sciences.* 1ªed. Minessota/NovaYork: Dover Publications, inc, 1999.

___. "Some Connections Among Heroes". *Revue des Histories de la Science*, v.54, nº1, 2001, p.11-28.

Jacomy, Bruno. *Une histoire des techniques.* Paris: Seuil, 1990.

Jaffe, Bernard. *Crucibles: The Story of Chemistry – From Ancient Alchemy to Nuclear Fission.* Nova York: Dover Publications, 1976.

Kant, I. *Crítica da razão pura.* In *Kant.* São Paulo: Abril Cultural (col. Os Pensadores), 1980.

Leibniz, Gottfried W. *Discurso de metafísica.* In *Leibniz.* São Paulo: Abril Cultural (col. Os Pensadores), 1979.

___. *Correspondência com Clark.* In *Leibniz.* São Paulo: Abril Cultural (col. Os Pensadores), 1979.

Leon, George Delucenay. *The Story of Electricity – With 20 Easy-to-Perform Experiments.* 1ªed. Nova York: Dover Publications, 1988.

Martins, Lílian A.P. "*Lamarck e o vitalismo francês*". *Perspicilum*, v.9, nº1, p.25-68, novembro, 1995.

Maupertuis, Pierre Louis-Moreau de. "Acordo entre as diferentes leis da natureza que até agora pareciam incompatíveis". *Cadernos de Divulgação Científica*, ufrj, 1998 (tradução e introdução de Ildeu de Castro Moreira).

Morus, Iwan Rhys. "Galvanic Cultures: Electricity and Life in the Early Nineteenth Century". *Endeavour*, v.22, nº11, 1998, p.7-11.

Orvas, Guillaume. "Vingt ans d'épreuves pour le Grand Oeuvre". *Les Cahiers des Science & Vie*, nº47, outubro. Paris: Excelsior Publications, 1998.

Pichot, André. *Histoire de la notion de gène.* Paris: Champs-Flamarion, 1999.

Radl, Emanuel. *Historia de las teorias biológicas.* 2 vol. Madri: Alianza, 1988.

Riskin, Jessica. "Chimie et révolution: le pouvoir des mots". *La Recherche*, nº320, 1999, p.75-80.

Roberts, Lisa. "Science Becomes Electric – Duch Interaction with Electrical Machine during Eighteenthe Century". *ISIS*, nº90, 1999, p.680-714.

Rossi, Paolo. *O nascimento da ciência moderna na Europa.* Bauru: Editora da Universidade Sagrado Coração, 2001.

Ruivo, Maria da Conceição (org.). *O engenho e a arte.* Lisboa, Fundação Calouste Gulbenkian Coleção de Instrumentos do Real Gabinete de Física, 1997.

Segala, Marco. "Électricité animale, magnétisme animal, galvanisme universel: à la recherche de l'identité entre l'homme et la nature". *Revue des Histories de la Science*, vol.54, nº1, 2001, p.71-84.

Segrè, Emilio. *From Falling Bodies to Radio Waves – Classical Physicists and their Discoveries.* 1ªed. Nova York: W.H. Freeman and Company, 1984.

Sobel, Dava. *Longitude: a verdadeira história de um gênio solitário que resolveu o maior problema científico do século XVIII.* Rio de Janeiro: Ediouro, 1997.

Taton, René (org.). *La science moderne de 1450 a 1800.* Paris: Quadrige/Presses Universitaires de France, 1995.

Tosi, Lúcia. "Lavoisier: uma revolução na química". *Química Nova*, v.12, nº1, 1989 p.33-53.

Truesdell, C. "A Program toward Rediscovering the Rational Mechanics of the Age of Reason". *Archive for History of Exact Sciences*, v.4, nº1, 1960.

Usher, Abbott Payson. *Uma história das invenções mecânicas*. Campinas: Papirus, 1993.

Vargas, Milton. "A análise matemática e a Revolução Francesa". *Perspicillum*, v.5, nº1, 1991.

Voltaire. *Elementos da filosofia de Newton*. Campinas: Unicamp, 1996.

Watkins, Eric. "The Laws of Motion from Newton to Kant". *Perspectives on Science*, v.5, nº3, 1997.

Whitrow, G.J. *O tempo na história*. Rio de Janeiro: Zahar, 1993.

Williams, L. Pearce e Steffens, Henry John. *The History of Science in Western Civilization – Modern Science, 1700-1900*. v.III, 1ªed., Lanham: Nova York/Londres, University Press of America, 1978.

Williams, Trevor (org.). *Biographical Dictionary of Scientists*. Glasgow: Harper Collins Publishers, 1994.

BREVE HISTÓRIA DA CIÊNCIA MODERNA

EM 4 VOLUMES

✧ ✧ ✧

VOLUME 1
Convergência de Saberes
(Idade Média)

VOLUME 2
Das Máquinas do Mundo ao Universo-Máquina
(séculos XV a XVII)

VOLUME 3
Das Luzes ao Sonho do Doutor Frankenstein
(século XVIII)

VOLUME 4
A Belle-Époque da Ciência
(século XIX)

ESTA OBRA FOI COMPOSTA POR VICTORIA RABELLO EM MINION, LITOGRAPH E ROTIS E IMPRESSA EM PROCESSO SOB DEMANDA PELA UM LIVRO SOBRE PAPEL OFFSET PARA A EDITORA SCHWARCZ A PARTIR DE 2024

FSC
www.fsc.org
MISTO
Apoiando o manejo florestal responsável
FSC® C128038

A marca FSC® é a garantia de que a madeira utilizada na fabricação do papel deste livro provém de florestas que foram gerenciadas de maneira ambientalmente correta, socialmente justa e economicamente viável, além de outras fontes de origem controlada.